AF331495

RÈGNE

ANIMAL

Paris.—Imp. Cosson et Con.p., rue du Four-Saint-Germain, 43.

LE RÈGNE
ANIMAL

D'APRÈS

LES MEILLEURS AUTEURS.

A PARIS,

DANS LES DÉPARTEMENTS ET A L'ÉTRANGER,
CHEZ TOUS LES LIBRAIRES.

1861

LE

RÈGNE ANIMAL

INTRODUCTION.

Le règne animal comprend tous les êtres organisés, accomplissant, comme les végétaux, pendant un temps donné, les deux grandes fonctions qui caractérisent la VIE, à savoir : la *nutrition*, fonction permanente, et la *reproduction*, fonction momentanée, mais jouissant en outre de deux facultés qui leur sont exclusivement propres : la *sensibilité* et la *motilité*, dont l'exercice constitue les fonctions de *relation*.

Ainsi, les minéraux ne sont que des corps inertes, soumis aux lois purement physiques, ayant des propriétés, mais point de facultés ; dépourvus d'organes, également étrangers aux phénomènes de la vie et de la mort, formant enfin des espèces de matière, mais jamais des individus, des êtres proprement dits. Les végétaux, êtres organisés, naissent d'êtres semblables à eux, se développent et se conservent en absorbant et en s'assimilant des principes matériels puisés dans le milieu qui les environne, et meurent, lorsque, par accident ou par suite des lois *physiologiques* qui les régissent, leurs organes cessent de fonctionner ; mais ces phénomènes s'accomplissent fatalement sans que la plante puisse en aucune façon les modifier, les provoquer ou s'y soustraire. Aucune sensation ne l'avertit de ce qui se passe ni en elle ni autour d'elle ; elle est incapable d'aucun mouvement, d'aucun acte spontané ou volontaire.

Les animaux, au contraire, sont incessamment impressionnés, et par les agents extérieurs, et par le jeu même de leurs propres organes ; ils jouissent de la faculté de réagir contre les causes de destruction, de rechercher les conditions les plus favorables à leur bien-être, de choisir le milieu et les aliments qui leur conviennent, de se déplacer : le tout en vertu d'une volonté plus ou moins éclairée, et guidée par l'instinct ou l'intelligence. A ce mode particulier d'existence correspondent, on le comprend, des organes qui manquent complétement dans les végétaux, mais qui varient presque à l'infini dans les animaux mêmes, suivant que ceux-ci occupent un rang plus ou moins élevé sur l'échelle des êtres vivants et sensibles. Ces différences profondes qu'on remarque dans l'organisation des espèces, sont encore un caractère essentiel du règne animal, car elles n'existent point parmi les végétaux. Ceux-ci, à part quelques-uns, chez lesquels la vie organique semble rudimentaire, peuvent être considérés comme également parfaits en leur genre, et si l'on constate aisément entre eux une grande variété de formes, de couleur, de dimensions, on ne saurait raisonnablement assigner à aucun végétal une supériorité réelle sur un autre végétal.

Le règne animal présente au contraire une gradation continue bien positive entre les innombrables familles qui le composent, et il n'est pas nécessaire d'être un savant naturaliste pour reconnaître que ce règne, chef-d'œuvre immense de la création, forme une longue série progressive qui commence à l'animal infusoire, embryon primitif de la vie animale, et se termine à l'homme, être privilégié que Dieu semble avoir créé pour servir d'intermédiaire entre la nature et lui. A cette perfection croissante de l'organisation des animaux; à ce développement de plus en plus grand de leurs facultés et des instruments qui leur permettent de les exercer; au spectacle toujours nouveau de leurs mœurs, de leurs instincts, de leur structure; aux rapports de plus en plus directs et multipliés qui les rapprochent de l'homme, doit sans aucun doute être attribué l'intérêt si vif et si durable qu'offre à tout esprit désireux de s'instruire l'étude de la Zoologie, c'est-à-dire de cette partie de l'histoire naturelle qui s'occupe du règne animal.

Nous n'en pouvons donner ici qu'un aperçu bien élémentaire et bien rapide. Nous espérons cependant que la lecture de cet humble opuscule suffira pour donner à nos lecteurs une idée des merveilles du monde animé, et pour leur inspirer le désir d'apprendre un jour à le mieux connaître.

NOTIONS PRÉLIMINAIRES.

En raison de la prodigieuse variété des groupes qui composent le règne animal, il nous serait impossible de débuter dans ce volume, comme nous l'avons fait dans celui consacré au règne végétal, par une description générale des fonctions sur lesquelles repose la vie animale, et de leurs organes essentiels. Car, encore bien que tous les animaux sans exception respirent, se nourrissent, se meuvent et se reproduisent, la manière dont s'accomplissent en eux ces fonctions diffère tellement d'une extrémité à l'autre de l'échelle ; le nombre, la structure et le développement des divers organes qui y concourent directement ou indirectement, offrent aussi de telles dissemblances, qu'on n'a pu trouver qu'un seul de ces organes qui soit commun à toutes les classes et à tous les ordres d'animaux : c'est l'estomac, c'est-à-dire une cavité intérieure destinée à recevoir et à élaborer les matières propres à la nutrition. Encore cette cavité et ses annexes sont-elles fort difficiles à trouver dans certains êtres situés à la dernière limite entre les règnes animal et végétal, tels par exemple que les éponges, qu'on a longtemps hésité à placer dans le premier ou dans le second. Ajoutons que, si tous les animaux sont doués de mouvement, cette faculté se borne, chez plusieurs, à des contractions à peine sensibles, et ne va pas jusqu'à leur permettre de se transporter à leur gré d'un lieu à un autre, comme font ceux que la nature a pourvus de véritables organes locomoteurs, c'est-à-dire de jambes ou de pattes, d'ailes, de nageoires ou seulement d'appendices tentaculaires. Chez les animaux du dernier ordre, la respiration manque, ou plutôt elle se confond avec la nutrition, l'animal ne possédant qu'une seule faculté d'absorption qui s'exerce au moyen d'un seul système ; ce système est quelquefois tout l'animal ; l'animal n'est autre que ce même système, et n'offre partout qu'une surface absorbante et exhalante, sans indice d'estomac, sans autre organe que le corps même dont tous les points concourent également à l'entretien de cette vie moins que végétative. C'est le cas des polypes, dont on ne compromet pas l'existence, qu'on multiplie, au contraire, en les coupant par morceaux, chaque morceau étant un animal tout aussi complet que le tout primitif. Au-dessus du polype d'eau douce, chez lequel une portion de la surface absorbante rentre à l'intérieur pour former une sorte de poche alimentaire représentant l'estomac et munie d'une seule ouverture, se placent les animaux dont le canal intestinal offre deux ouvertures (la bouche et l'anus), tandis que la surface extérieure remplit le rôle propre à la peau. Bientôt à ce tube digestif s'ajoutent des organes accessoires de mouvement, de préhension, de mastication, de sensibilité ; puis, dans les insectes et les mollusques, la respiration se distingue de la nutrition : celle-ci s'opérant toujours par un canal digestif à deux ouvertures ; celle-là, tantôt aquatique, tantôt aérienne, s'exécutant au moyen de branchies et de trachées par la surface respiratrice qui, en général, n'est autre que la peau. Alors apparaît le fluide nourricier qu'on appelle le *sang* et qui, formé dans le système digestif, passe de là dans le système respiratoire pour y être modifié par l'action de l'air, se répandre ensuite dans toutes les parties du corps qu'il entretient, renouvelle et vivifie, et revenir enfin par d'autres vaisseaux à l'organe respiratoire, point de depart de l'évolution. Ce remarquable phénomène est connu sous le nom de *circulation*. A mesure qu'il se perfectionne, de nouveaux organes deviennent nécessaires, et alors le système circulatoire, précédemment confondu avec le système respiratoire comme celui-ci l'était, chez les animaux élémentaires, avec le système nutritif, s'isole à son tour et devient un système à part ayant ses organes spéciaux : le cœur, qui donne l'impulsion au fluide ; les artères et les veines, qui le contiennent et le dirigent, tandis que les branchies ou les poumons servent seulement à le mettre en contact avec l'air.

Les agents de la sensibilité et de la motilité, qui forment le système nerveux, deviennent de même de plus en plus distincts et sont commandés par un organe central, le cerveau, qui, chez les animaux supérieurs, est aussi le siége de la volonté, de l'instinct et de l'intelligence.

L'organisme va ainsi se perfectionnant graduellement sous tous les rapports, à mesure que les fonctions deviennent plus importantes et plus compliquées, et qu'à des besoins plus nombreux doivent correspondre nécessairement tous les moyens propres à les satisfaire. L'existence du système nerveux complet ayant pour centre le cerveau, et pour axe, cette sorte de prolongement du cerveau qui prend successivement les noms de *cervelet*, de *moelle allongée*, et enfin de *moelle épinière*, est liée invariablement à celle d'un nouveau système destiné à envelopper et à soutenir ces organes si essentiels et si délicats, et qu'on nomme le *système osseux* ou *vertébral*. Ce système comprend essentiellement, outre la boîte osseuse renfermant le cerveau, une série de petits os creux formant ensemble une sorte de colonne creuse qui sert d'étui à la moelle. Ces petits os s'appellent des *vertèbres* et leur réunion s'appelle la *colonne vertébrale*, à laquelle se rattachent, chez l'immense majorité des animaux qui en sont pourvus, un certain nombre de pièces solides servant de soutien et de point d'attache aux diverses parties du corps, et surtout aux muscles, organes du mouvement. Cet ensemble de pièces constitue la *charpente osseuse* ou cartilagineuse (suivant qu'elle a plus ou moins de consistance) et appartient à la presque totalité des animaux composant la première des deux grandes divisions du règne animal. Ces deux grandes divisions ou *embranchements* sont :

1° L'embranchement des animaux à vertèbres ou VERTÉBRÉS ;

2° L'embranchement des animaux sans vertèbres ou INVERTÉBRÉS.

Chaque embranchement se divise en *classes*, les classes en *ordres*, les ordres en *familles*, les familles en *tribus*, les tribus en *genres* et les genres en *espèces*. Plusieurs genres se subdivisent en *sous-genres*, et un grand nombre d'espèces en *variétés* ou en races.

PREMIER EMBRANCHEMENT.

ANIMAUX VERTÉBRÉS.

Une charpente osseuse ou cartilagineuse appelée *squelette*, qui sert de soutien et d'attache aux muscles, organes du mouvement, et un système *cérébro-spinal*, composé : 1° du cerveau et du cervelet, renfermés dans la boîte crânienne ; 2° de la *moelle épinière*, renfermée dans la colonne vertébrale, et à laquelle aboutissent les *nerfs*, dont le rôle consiste à transmettre aux divers organes l'impulsion de la volonté ou de l'instinct, et à rapporter au cerveau les impressions tant externes qu'internes : tels sont les caractères essentiels qui distinguent les animaux vertébrés.

Le sang de ces animaux est rouge ; il circule dans des conduits ou *vaisseaux sanguins* appelés *veines* et *artères*. Il est mis en mouvement par un cœur charnu dont la conformation varie dans les différentes classes. Leurs sens, plus ou moins déliés et parfaits, sont au nombre de cinq, savoir : la vue, l'ouïe, l'odorat le goût et le toucher.

La respiration a toujours son siége dans un organe intérieur ; mais elle est tantôt aérienne, et alors l'organe prend le nom de *poumon* (il est toujours double) ; tantôt aquatique, et dans ce cas les poumons sont remplacés par des *branchies*.

Les animaux vertébrés sont d'abord divisés en :

1° Vertébrés à sang *chaud* ; — 2° Vertébrés à sang *froid*.

Les *vertébrés à sang chaud* sont *vivipares* (c'est-à-dire qu'ils produisent leurs petits vivants, au sortir du sein de la mère), — ou *ovipares* (c'est-à-dire qu'ils produisent des œufs d'où naissent leurs petits).

De là deux grandes divisions :

Les *mammifères*, pourvus de mamelles pour allaiter leurs petits ; et les *oiseaux*, qui, naissant dans un œuf, y trouvent pendant les premiers jours de leur existence une substance analogue au lait des mammifères.

Les *vertébrés à sang froid* sont *ovipares*

ou *ovo-vivipares ;* ovipares, lorsque le petit sort de l'œuf après la ponte ; ovo-vivipares, lorsqu'il brise son enveloppe avant de sortir du ventre de la mère. Quelques reptiles et quelques poissons sont ovo-vivipares.

Ils respirent par les poumons ou par les branchies. Ceux qui respirent par les poumons sont généralement *amphibies,* c'est-à-dire qu'ils peuvent vivre indistinctement dans l'eau ou sur la terre : ce sont les *reptiles.* Ceux qui respirent au moyen de branchies vivent toujours dans l'eau : ce sont les *poissons.*

Nous trouvons, par conséquent, que le premier embranchement du règne animal se divise en quatre classes : *mammifères,* — *oiseaux,* — *reptiles,* — *poissons.*

Nous allons nous occuper successivement de chacune d'elles.

PREMIÈRE CLASSE DES VERTÉBRÉS.

MAMMIFÈRES.

La classe des *mammifères* se compose de l'homme et de tous les animaux qui lui ressemblent le plus par les points importants de leur organisation ; elle nous intéresse plus que toutes les autres, car elle nous fournit les animaux les plus utiles, soit pour notre nourriture, soit pour nos travaux, soit pour les besoins de notre industrie ; elle se place donc naturellement en tête du règne animal.

Ce qui distingue les mammifères, c'est un *corps symétrique*, c'est-à-dire composé de trois parties : la *tête*, — le *tronc* et les *membres*. Les membres sont toujours au nombre de deux paires.

Il y a cependant à ces règles générales quelques exceptions que nous ferons connaître plus loin.

La classe des mammifères se divise d'abord en trois groupes principaux, distingués par la conformation des doigts : ce sont les *onguiculés,* — les *ongulés,* — les *ichthyoïdes.*

Les *onguiculés* comprennent tous les mammifères dont les doigts sont distincts les uns des autres, mobiles et garnis d'ongles ou de griffes qui n'enveloppent pas entièrement l'extrémité de ces doigts : l'homme, le chien, le lion, etc.

Les *ongulés* comprennent tous les mammifères dont les doigts, plus ou moins soudés entre eux, sont enveloppés à leur extrémité dans des étuis en corne nommés *sabots :* le cheval, le bœuf, etc.

Les *ichthyoïdes,* dont le nom signifie *qui a l'apparence d'un poisson,* sont les mammifères qui ne vivent que dans l'eau et dont les doigts, réunis par des membranes, forment de véritables nageoires : la baleine, le cachalot, etc.

Ces trois groupes se subdivisent ensuite en neuf ordres caractérisés par la forme des membranes et par le *système dentaire.*

Remarquons ici qu'on observe, dans un système dentaire complet, trois sortes de dents :

Les *incisives,* tranchantes, en avant de la mâchoire ;

Les *canines*, ordinairement aiguës, sur les côtés ;

Et les *molaires* ou grosses dents, au fond de la mâchoire.

Les animaux *onguiculés* forment six ordres, savoir : les *bimanes*, — les *quadrumanes*, — les *carnassiers*, — les *marsupiaux*, — les *rongeurs*, et les *édentés*.

Les *ongulés* forment deux ordres : les *pachydermes* — et les *ruminants*.

Les *ichthyoïdes* ne forment qu'un seul ordre : les *cétacés*.

1ᵉʳ ORDRE DES ONGUICULÉS.

BIMANES.

L'ordre des *bimanes* ne comprend qu'une seule famille, un seul genre, l'homme ; et la plupart des naturalistes, conformant en cela leurs vues au texte de la Bible, qui nous apprend que tous les hommes sont issus d'un seul couple primitif, s'accordent à enseigner que les hommes forment une seule espèce, et admettent seulement dans cette espèce des variétés ou races produites à la longue par l'influence du climat et des mœurs.

Bien que le développement admirable de son intelligence et la faculté de la parole raisonnée fassent en réalité de l'homme une créature privilégiée et lui donnent sur tous les autres êtres une immense et incontestable supériorité, il n'en doit pas moins être considéré, au point de vue purement scientifique, comme un animal ; la définition de l'ancienne école : « L'homme est un animal raisonnable (*homo est animal rationale*), » se trouve ainsi confirmée par la science moderne, et l'homme doit entrer dans la classification générale de la zoologie, tout en occupant dans cette classification le premier rang.

Comme l'indique le nom de l'ordre où les naturalistes l'ont placé, l'homme est le seul animal dont les membres antéro-supérieurs ou *bras* soient terminés par des *mains*, organes de préhension composés de cinq doigts articulés, dont un, le pouce, est opposable aux quatre autres, tandis que ses membres inféro-postérieurs sont munis de *pieds*, à pouces non opposables, et conformés de manière à supporter tout le poids du corps. C'est le seul, en un mot, qui soit à la fois bipède et bimane, et dont l'attitude ordinaire et naturelle soit verticale. C'est aussi celui dont la face est la moins proéminente, dont le cerveau est le plus développé; dont les cinq sens sont les plus délicats, dont l'organisation, en un mot, est la plus complexe et la plus parfaite. Aussi croyons-nous devoir entrer dans quelques détails relativement à cette organisation dont, après tant de siècles, les recherches assidues des plus illustres savants nous ont révélé à peu près tous les secrets.

NOTIONS

ANATOMIQUES ET PHYSIOLOGIQUES SUR L'HOMME.

Deux branches de la science se partagent l'étude du corps humain : l'Anatomie et la Physiologie.

L'Anatomie décrit tous les organes dont ce corps est formé, leurs parties, leur structure et leur position relative.

La Physiologie étudie les fonctions et le jeu de ces mêmes organes et l'ensemble des phénomènes qui constituent ou accompagnent le phénomène fondamental, si admirable et si incompréhensible dans son essence, que l'on nomme la vie.

I. Anatomie.

Le corps humain présente une sorte d'édifice composé de trois parties principales : le *tronc*, — la *tête*, — les *membres*.
• Cet édifice est soutenu intérieurement par une charpente osseuse, mobile, dure, solide, nommée *squelette*.

Toutes les pièces de ce squelette sont articulées entre elles, et garnies à chaque extrémité d'une matière élastique et luisante, nommée *cartilage*, qui se prête aux évolutions de l'articulation. Elles sont fixées l'une à l'autre par des ligaments naturels, appelés *tendons*.

Ces tendons rattachent l'extrémité d'un os à l'extrémité de celui avec lequel il est articulé ; ils fixent en même temps autour de ces mêmes os les *muscles*, qui sont ce qu'on appelle vulgairement la *chair*.

Les *nerfs*, répandus dans tout le corps, sont des espèces de fils conducteurs du mouvement et de la sensibilité.

A travers les muscles courent une infinité de canaux de diverses grosseurs, nommés, suivant le rôle qu'ils sont appelés à jouer dans l'organisme, *artères*, ou *veines*. Dans ces canaux circule le sang.

Une substance appelée *graisse*, étendue en couches plus ou moins épaisses dans les diverses parties du corps, comble les vides, efface les saillies trop fortes des muscles, rectifie, en un mot, la forme générale.

La *peau* recouvre le tout.

Le squelette ou charpente osseuse qui soutient intérieurement le corps de l'homme se compose de trois parties principales que nous avons indiquées : du *tronc*, — de la *tête* — et des *membres*.

LE TRONC est formé par la *colonne vertébrale* (en arrière), le *sternum* (en avant) et les *côtes* (sur les côtés). La réunion de ces parties constitue une espèce de cage osseuse, nommée *thorax*, dans laquelle sont logés les *poumons* et le *cœur*. Cette cage est fermée à sa partie inférieure par une cloison charnue, nommée *diaphragme*.

On compte trente-trois *vertèbres* dans la colonne vertébrale de l'homme ; ces vertèbres, parfaitement articulées entre elles, forment à l'intérieur un canal rempli par la moelle épinière, qui aboutit au cerveau, et dont les ramifications s'étendent à toutes les parties du corps.

Les *côtes* sont au nombre de douze paires ; elles s'articulent en arrière avec la colonne vertébrale, en avant avec le *sternum*. Les cartilages des sept premières paires de côtes, appelées *vraies côtes*, sont les seuls qui s'articulent directement avec le sternum. Les cartilages des cinq autres paires, appelées *fausses côtes*, se réunissent simplement à ceux des côtes précédentes.

La TÊTE se compose de deux parties : 1° le *crâne*, espèce de boîte où sont logés le *cerveau* et le *cervelet* ; 2° la *face*, constituée par les *maxillaires* (os des mâchoires), les os propres du *nez*, les os *palatins* ou du palais, etc.

Les MEMBRES, au nombre de quatre, se divisent en *supérieurs* et *inférieurs*.

Les membres supérieurs ou *thoraciques*, se subdivisent de la manière suivante : 1° l'*épaule*, où nous trouvons la *clavicule* en avant et l'*omoplate* en arrière ; —2° le *bras*, formé par un seul os, appelé *humerus* ; l'*avant-bras*, composé de deux os : le *cubitus*, situé en dedans, le *radius*, placé en dehors ; — 3° la *main*, formée de trois régions : le *carpe* (c'est le poignet), composé de huit petits os ; le *métacarpe* (c'est le plat de la main) ; et les *doigts*, divisés et articulés en trois phalanges.

Les membres inférieurs, ou *abdominaux*, comprennent : 1° la *hanche*, — 2° la *cuisse*, — 3° la *jambe*, — 4° le *pied*.

La hanche est l'analogue de l'épaule ; elle est formée de chaque côté par un seul os large et très-solide, nommé os *iliaque*. Les deux hanches, en s'articulant entre elles en avant et avec le *sacrum* en arrière, constituent une large ceinture osseuse, nommée *bassin*, destinée à protéger les viscères contenus dans le bas-ventre.

La cuisse, comme le bras, n'a qu'un seul os, que l'on appelle *fémur*.

La jambe, qui répond à l'avant-bras, comprend comme celui-ci deux os : le premier, situé en dedans, est le *tibia* ; le second, en dehors, est le *péroné*. Au devant de l'articulation du fémur avec le tibia se trouve un petit os à peu près rond, nommé *rotule,* qui sert à compléter et à consolider le genou.

Le pied, comme la main, présente trois régions : le *tarse* (c'est le carpe), — le *métatarse* (c'est le métacarpe),—et les *orteils,* qui sont les *doigts* du pied.

L'extrémité supérieure de chacun des doigts et des orteils est munie d'une petite lame d'écaille dure et transparente, appelée *ongle.*

Aux os, organes passifs du mouvement, s'attachent les *muscles,* qui en sont les organes actifs. L'étude des muscles forme, sous le nòm de *myologie,* une branche importante, très-étendue et très-complexe, de l'Anatomie. Il nous est impossible de nous engager ici dans cette étude, trop longue, trop minutieuse et qui fatiguerait l'esprit du lecteur. Nous nous bornerons à dire que la propriété qui caractérise les muscles est d'être contractiles. Leur structure répond parfaitement à cette destination : ils sont composés de faisceaux de fibres, et attachés, au moyen des *tendons* qui les terminent, à la surface des os ou des organes qu'ils doivent mouvoir. Le mécanisme du mouvement est facile à concevoir : sous l'influence des nerfs, les fibres musculaires se contractent ou se distendent. Cette contraction ou cette distension rapproche ou éloigne les deux points sur lesquels les muscles sont insérés et détermine le mouvement. Les mouvements du corps sont volontaires, ou spontanés : volontaires, lorsqu'ils s'exécutent sous l'empire de la volonté, et en vertu d'une impulsion réfléchie transmise par le cerveau à telle ou telle partie du corps; — spontanés ou mécaniques, lorsqu'ils s'exécutent d'eux-mêmes indépendamment de la volonté, par le fait seul de la vie organique. C'est en exposant les fonctions mécaniques du corps et celles qui sont, pour ainsi dire, mixtes, c'est-à-dire tantôt volontaires, tantôt spontanées, que nous indiquerons les organes et les autres parties du corps dont la simple énumération eût été sans objet. Cette seconde partie de l'anatomie du corps humain se confond nécessairement avec la physiologie.

II. Physiologie.

FONCTIONS SPONTANÉES.

Ces fonctions ont pour but l'entretien de la vie, l'accroissement et la conservation du corps. Elles sont au nombre de trois principales : la *nutrition* proprement dite ou *digestion*, la *respiration* et la *circulation*, auxquelles se joignent les fonctions secondaires ou complémentaires qui sont : l'*absorption*, l'*assimilation*, l'*exhalation* et la *sécrétion*. En décrivant ces fonctions, nous ferons connaître l'ensemble d'organes ou *système* qui correspond à chacune d'elles.

FONCTIONS PRINCIPALES.

1º Nutrition ou digestion.

Cette fonction a pour but d'élaborer et de distribuer dans les diverses parties du corps les substances propres à le développer et à le conserver, en un mot à le nourrir. Ces substances sont désignées sous le nom d'*aliments*.

Il faut entendre par *aliment* toute matière qui, soumise à l'action des organes digestifs, contribue à réparer les pertes éprouvées par le sang.

L'appareil ou système digestif de l'homme se compose : 1° de la *bouche* ; 2° du *pharynx* ; 3° de l'*œsophage* ; 4° de l'*estomac* ; 5° de l'*intestin grêle* ; 6° du *gros intestin*.

La *bouche* est une cavité comprise dans l'intervalle des deux mâchoires, et limitée : en avant, par les lèvres ; en haut, par le palais ; en bas, par la langue ; sur les côtés, par les joues ; en arrière par une membrane nommée *voile du palais*.

Sur les deux mâchoires sont plantées les *dents*, le plus ordinairement au nombre de trente-deux (seize pour chacune des deux mâchoires) : quatre *incisives* en avant, deux *canines* ensuite et dix *molaires* au fond, rangées symétriquement.

Le *pharynx* fait suite à la bouche, dont il est séparé par le voile du palais ; il communique en haut avec les fosses nasales, et en bas avec le larynx et la trachée-artère, que nous décrirons bientôt.

L'*œsophage* est un canal qui continue le pharynx et s'étend jusqu'à l'estomac.

L'*estomac* est une poche placée transversalement dans la *cavité abdominale*, qui renferme aussi les *intestins;* cette cavité est située au-dessous du *diaphragme*, qui la sépare de la *cavité thoracique*.

Indépendamment des divers organes que nous venons de décrire, l'appareil digestif en comprend d'autres, destinés à sécréter des liquides nécessaires au travail de la digestion. Ce sont les *glandes salivaires*, le *foie* et le *pancréas*.

Lorsque les aliments sont suffisamment divisés et imprégnés du suc salivaire, ils forment une pâte molle, nommée *bol alimentaire*, rassemblée sur la langue au moyen des lèvres et des joues. La langue s'élève en se creusant comme une gouttière, et s'applique successivement de la pointe à la base contre le palais. Le *voile du palais* ferme l'ouverture des fosses nasales, et le bol alimentaire pénètre dans le pharynx, qui, en se contractant, le pousse dans l'œsophage, d'où il s'introduit dans l'estomac. C'est ce qu'on appelle la *déglutition*.

Une fois parvenus dans l'estomac, les

aliments y séjournent plus ou moins long-temps, s'imprègnent du *suc gastrique* sé-crété par les parois de cet organe, et se transforment en une pâte grisâtre nommée *chyme.*

Le *chyme* passe ensuite dans le *duode-num,* où il rencontre la *bile,* sécrétée par le *foie,* et le *fluide pancréatique,* fourni par le *pancréas.* Ces deux sécrétions opèrent sur le chyme une action chimique qui lui fait subir une nouvelle modification : tout ce qui est inutile à la réparation des organes passe dans le gros intestin pour être ensuite rejeté au dehors, et le chyme, ainsi épuré, se rend dans l'intestin-grêle, où il devient du *chyle,* ou suc nourricier ; ce suc est absorbé par les *vaisseaux chylifères;* ces derniers aboutissent au *canal thoracique,* qui dé-bouche dans l'artère *sous-clavière* gauche.

LE SANG.

Lorsqu'on examine au microscope le sang de l'homme, on observe qu'il est formé de deux parties distinctes : l'une li-quide et incolore, appelée *sérum;* l'autre composée de petits corps rougeâtres nageant dans ce liquide et nommés *globules* du sang.

Dans sa circulation à travers les organes qu'il nourrit et qu'il excite, le sang s'altère et se modifie. D'une part, aux organes dans lesquels il pénètre, il cède des parties que ceux-ci s'approprient et assimilent à leur propre substance; d'autre part, il se charge de matériaux que ces mêmes organes lui abandonnent pour qu'il les porte au dehors de l'organisme.

Il résulte de ce fait que le sang qui se rend dans les organes diffère essentiellement de celui qui les a traversés et qui a servi à les nourrir.

Le premier prend le nom de *sang artériel*, le second celui de *sang veineux*.

Le sang artériel est rouge vermeil, le sang veineux est d'un rouge noir; mais ce qui les distingue surtout, c'est que le premier est éminemment propre à l'entretien de la vie, tandis que l'autre, trop chargé de carbone, a perdu cette faculté.

Toutefois, le sang veineux retrouve bientôt ses propriétés vivifiantes : l'action de l'air suffit pour le transformer en sang artériel. C'est cette transformation qu'opère le phénomène de la respiration.

2° Respiration.

La respiration est donc la fonction qui a pour but de soumettre à l'action de l'air le sang veineux, impropre à entretenir la vie, et de le changer en sang artériel, qui possède toutes les qualités vivifiantes.

L'appareil respiratoire se compose de plusieurs parties. L'air extérieur pénètre dans la poitrine par la bouche, les fosses nasales, et par un conduit nommé *trachée-artère*; ce conduit se divise en deux tuyaux aboutissant chacun à l'un des deux poumons, et que l'on appelle *bronches*.

Les bronches, après avoir subi plusieurs fois une division *dichotomique*, aboutissent aux *vésicules bronchiques*, dont l'ensemble forme la masse spongieuse des poumons. Extérieurement, les poumons sont recouverts par une membrane nommée *plèvre*, qui a pour but de favoriser leur mouvement dans le double phénomène de l'inspiration et de l'expiration.

Sur les parois minces et transparentes des vésicules bronchiques viennent s'épanouit les ramifications de l'artère pulmonaire ; le sang qu'elles contiennent se trouve ainsi mis en contact immédiat avec l'air aspiré par les poumons. De la ramification des veines pulmonaires naissent les racines des veines du même nom qui doivent, ainsi que nous allons le voir, reporter au cœur le sang vivifié par son contact avec l'air atmosphérique.

Le thorax, nous l'avons dit, est une cage osseuse formée par les *côtes,* le *sternum* et la *colonne vertébrale.* Sa partie supérieure présente une ouverture, le *cou,* par laquelle passent l'œsophage, la trachée-artère, ainsi que des nerfs et des vaisseaux dont le rôle sera indiqué plus tard.

A la partie inférieure, le thorax est séparé de l'abdomen par une espèce de cloison charnue, nommée *diaphragme.*

MÉCANISME DE LA RESPIRATION.

La respiration se compose de deux mouvements distincts :

L'*inspiration,* qui introduit l'air dans les poumons ; — l'*expiration,* c'est-à-dire l'expulsion de l'air qui a servi à rendre au sang ses propriétés vivifiantes.

L'air pénètre dans l'intérieur des poumons par la dilatation de la cavité thoracique ; l'expiration a lieu lorsque les côtes s'abaissent et que le diaphragme revient à son premier état.

Comment l'air agit-il sur le sang veineux ?

Pour répondre à cette question, nous devons rappeler que l'air atmosphérique est composé, sur 100 parties, d'environ 21 parties d'oxygène et de 79 d'azote.

L'oxygène seul est propre à la respiration. L'azote, qui serait mortel sans la présence de l'oxygène, ne sert qu'à tempérer l'action trop excitante de celui-ci.

Ceci posé, nous dirons d'abord que, par l'inspiration, on absorbe une certaine quantité d'oxygène (mêlée à de l'azote), et que, par l'expiration, on chasse de la poitrine de l'acide carbonique et la partie d'oxygène inspiré non convertie en acide carbonique, plus la totalité de l'azote et de la vapeur d'eau.

L'acide carbonique résulte de la combinaison de l'oxygène de l'air avec le carbone contenu dans le sang. Une partie de

l'oxygène se combine aussi avec de l'hy-
drogène pour former de la vapeur d'eau.

Toute combinaison chimique occasion-
nant un développement de calorique, il
est facile de concevoir comment la chaleur
est incessamment apportée à toutes les
parties de l'individu. Car les combinaisons
que nous venons d'indiquer s'opèrent
dans toute l'étendue du système artériel, et
non dans les poumons seulement, comme
l'avait pensé l'illustre Lavoisier.

Le mouvement continuel qui porte le
sang dans toutes les parties de l'économie
et le ramène incessamment dans les poumons, constitue le phénomène de la *circulation*.

3° Circulation du sang.

APPAREIL CIRCULATOIRE.

Il se compose :

D'un organe central appelé *cœur*, destiné à mettre le sang en mouvement;

D'un système de canaux ou *vaisseaux
sanguins* servant à distribuer le sang dans

toutes les parties du corps, et qui sont de deux sortes : les *artères* et les *veines*.

DU CŒUR.

Le cœur est placé dans la poitrine, ou thorax, entre les deux poumons, légèrement incliné à gauche : c'est une espèce de poche charnue, divisée en quatre cavités, dont les deux supérieures portent le nom d'*oreillettes* ; les deux inférieures sont appelées *ventricules*. Les deux oreillettes ne communiquent pas entre elles, non plus que les ventricules, mais chaque oreillette communique avec le ventricule correspondant, au moyen d'un orifice fermé par des *valvules*, membranes mobiles qui s'éloignent et se rapprochent alternativement. L'oreillette et le ventricule du côté droit ne renferment que du sang veineux ; l'oreillette et le ventricule du côté gauche ne contiennent que du sang artériel.

DES ARTÈRES.

Les artères sont les vaisseaux qui servent à porter le sang du cœur dans toutes les parties du corps. Elles naissent du ventricule gauche du cœur par un seul tronc nommé *artère aorte*. Celle-ci se divise en un grand nombre de branches, dont les principales sont :

Les deux artères *carotides*, qui remontent sur les côtés du cou pour porter le sang à la tête ;

Les deux artères *sous-clavières*, qui se rendent aux bras: selon les régions qu'elles traversent, elles prennent les noms d'*artères axillaires*, d'*artères brachiales*, *radiales* et *cubitales* ;

L'artère *cœliaque*, qui se subdivise en trois rameaux pour se porter à l'estomac, au foie et à la rate ;

Les artères *mésentériques*, qui se rendent aux intestins ;

Enfin les artères *iliaques*, qui vont porter le sang aux membres inférieurs, où elles prennent successivement les noms de *fémorales*, *tibiales*, *péroniennes* et *pédieuses*, suivant qu'elles longent le fémur, le tibia, le péroné, ou le pied.

Du ventricule droit naît une grosse artère, nommée *pulmonaire*, destinée à porter le sang veineux dans les poumons.

Cette disposition constitue deux systèmes parfaitement distincts, dont l'un part du ventricule gauche et porte le sang artériel dans toutes les parties du corps, et dont l'autre part du ventricule droit et porte le sang veineux au poumon pour lui faire subir l'action réparatrice de l'air.

DES VEINES.

Les veines sont les vaisseaux qui ramènent vers le cœur le sang de toutes les parties du corps. Elles sont plus grosses et plus nombreuses que les artères, dont elles suivent, en général, le trajet, à l'exception des veines superficielles qui rampent sous la peau. Toutes, sauf les *veines pulmonaires,* se terminent par deux gros troncs qui s'ouvrent dans l'oreillette droite, et que l'on nomme *veine cave inférieure* et *veine cave supérieure.*

Quant aux veines pulmonaires qui ramènent le sang veineux des poumons au cœur, elles s'ouvrent par quatre troncs distincts dans le ventricule gauche.

Les artères et les veines communiquent entre elles par des vaisseaux d'une très-grande ténuité appelés, pour cette raison, *vaisseaux capillaires*. C'est dans ces canaux que la matière plastique du sang filtre, pour ainsi dire, à travers les parois, pour remplacer les matériaux usés.

MÉCANISME DE LA CIRCULATION.

Le mécanisme de la circulation est trèsfacile à comprendre : après avoir traversé les vaisseaux capillaires, le sang parcourt tout le système veineux, se rend par les deux veines caves dans l'oreillette droite du cœur, de là passe dans le ventricule droit qui, en se contractant, le chasse dans l'artère pulmonaire, et arrive ainsi dans les poumons, où il se transforme, au contact de l'air, en sang artériel ; il revient ensuite par les veines pulmonaires dans l'oreillette gauche du cœur, puis dans le ventricule du même côté, lequel, en se contractant, le pousse dans l'aorte et dans tout le système artériel, au bout duquel il rencontre les vaisseaux capillaires.

C'est ce flux et ce reflux incessants qui constituent ce qu'on appelle les *pulsations*.

FONCTIONS SECONDAIRES.

ABSORPTION.

C'est l'acte par lequel les substances liquides, déposées dans l'intérieur du corps, sont pompées, en quelque sorte, par les tissus, et pénètrent dans la masse des humeurs.

L'appareil de l'absorption se compose de canaux extrèmement déliés, répandus dans toutes les parties du corps et nommés *vaisseaux lymphatiques*.

EXHALATION.

L'exhalation a pour but de rejeter au dehors les matières fluides devenues inutiles ; elle s'opère, comme l'absorption, au moyen d'une espèce de filtration à travers les tissus organiques.

SÉCRÉTION.

On donne le nom de sécrétions à la formation d'humeurs spéciales qui se produisent aux dépens du sang.

Les organes des sécrétions sont les *glandes* et les *ganglions*.

Les liquides sécrétés sont très-nombreux et très-variés. Les uns sont destinés à remplir certains usages plus ou moins importants; tels sont : les *humeurs* de l'œil, la *bile*, le *suc gastrique*, etc.; — les autres doivent être rejetés au dehors et prennent alors le nom d'*excrétions*.

ASSIMILATION.

L'assimilation enlève au sang les éléments nutritifs qu'il contient, détermine l'arrangement des molécules nouvelles en un tissu organisé, et les fait participer aux propriétés vitales.

FONCTIONS MIXTES OU DE RELATION.

Les fonctions de *relation* présentent deux ordres de phénomènes distincts : le *mouvement volontaire*, — et la *sensibilité*.

Par *mouvement volontaire*, on entend la faculté que possède tout animal de mettre en jeu certaines parties. de son corps selon ses besoins ou ses désirs. — La *sensibilité* est la faculté par laquelle les animaux reconnaissent, au moyen de certains organes, l'existence des objets qui les environnent.

SYSTÈME NERVEUX.

Il existe chez l'homme deux systèmes nerveux très-distincts : l'un, qui préside aux fonctions de relation ; — l'autre, qui tient sous sa dépendance les fonctions de la vie végétative.

C'est sous l'influence de ce dernier, nommé *grand sympathique*, que fonctionnent les divers organes qui concourent à la nutrition, tels que le cœur, les poumons, les intestins, etc., organes dont les mouvements, par une sage prévoyance de la nature, ne sont pas du ressort de notre volonté.

SYSTÈME NERVEUX DE LA VIE ANIMALE.

Ce système se compose d'une partie centrale, qui comprend le *cerveau*, le *cervelet* et la *moelle épinière*, et d'une multitude de cordons allongés et ramifiés que l'on appelle *nerfs*.

Le cerveau, placé dans le crâne, dont il occupe presque toute la capacité, est enveloppé de trois membranes : la *dure-mère*, l'*arachnoïde* et la *pie-mère*. Il présente deux *hémisphères*, dont chacun est subdivisé en trois lobes et porte à la surface un grand nombre de sillons sinueux qui séparent des éminences arrondies et contournées sur elles-mêmes. Ces éminences sont appelées les *circonvolutions* du cerveau.

Le cervelet, plus petit que le cerveau, est situé en arrière et au-dessous de cet organe; il présente aussi deux hémisphères.

La moelle épinière est logée dans le canal formé par l'ensemble des trous dont est percée chaque vertèbre.

Cerveau, cervelet et moelle épinière sont intérieurement unis, et doivent être considérés comme des prolongements l'un de l'autre.

Le cerveau est le centre où viennent aboutir toutes les sensations : il est l'instrument de l'intelligence, de l'instinct et de la volonté. Le cervelet coordonne les mouvements ; la moelle épinière les transmet aux nerfs, qui agissent sur les muscles. De plus, la moelle épinière apporte au cerveau les impressions du dehors.

En parlant, tout à l'heure, des sensations, nous ferons mieux comprendre ces notions élémentaires.

Les *nerfs* sont au nombre de quarante-trois paires. Douze paires ont leur origine dans le crâne : ce sont les *nerfs crâniens*. Les trente et une autres paires, *nerfs spinaux*, naissent de la moelle épinière et se rattachent aux membres et à tous les muscles dont les mouvements sont sous la dépendance de la volonté.

Il y a deux espèces de nerfs : les *nerfs moteurs*, qui déterminent les contractions musculaires ; les *nerfs sensitifs*, qui ne servent qu'à la transmission des sensations. Les nerfs spinaux prennent leur origine par deux racines : l'une antérieure, *motrice*; l'autre postérieure, *sensitive*.

APPAREIL DE LA SENSIBILITÉ.

Organes des sens.

Indépendamment des diverses parties du système nerveux dont nous venons d'indiquer la structure et les usages, l'appareil de la sensibilité comprend plusieurs organes spéciaux, nommés organes des sens, au moyen desquels l'homme perçoit et apprécie certaines propriétés particulières des corps environnants.

Les sens sont au nombre de cinq : le *toucher*, le *goût*, l'*odorat*, la *vue* et l'*ouïe*. Examinons chacun d'eux en particulier, et décrivons leurs organes.

LE TOUCHER.

Le sens du toucher est celui qui nous avertit du *contact*, c'est-à-dire de la présence immédiate des corps extérieurs, et qui nous permet d'en apprécier· diverses qualités, par exemple leur consistance et leur température. Il faut distinguer dans ce sens le *contact*, qui n'est, en quelque sorte, qu'un toucher passif, et le *toucher proprement dit*, l'action de *palper*. Ces deux faits ont pour correspondants : *voir* et *regarder*, dans le sens de la vue ; — *entendre* et *écouter*, dans celui de l'ouïe.

Le *contact* est possible à toute la surface de notre corps : il a pour principal intermédiaire la peau. Le *toucher* a pour organe spécial l'extrémité des doigts : ce sens, chez les aveugles, acquiert une merveilleuse sagacité.

LE GOUT.

Ce sens, qui nous fait connaître la saveur des corps, s'exerce surtout au moyen de la langue, et principalement à la partie postérieure de cet organe.

La langue reçoit deux nerfs principaux : le *lingual*, qui paraît être le nerf de la sensibilité spéciale, — et l'*hypoglosse*, nerf moteur. Tous deux sont des nerfs *crâniens*.

L'ODORAT.

Les odeurs sont produites par des molécules d'une extrême ténuité que certains corps laissent échapper dans l'air, et qui sont mises en contact avec l'organe de l'odorat.

Cet organe consiste en une membrane muqueuse nommée *pituitaire*, qui tapisse les fosses nasales, et à laquelle correspond un nerf d'une sensibilité spéciale appelé *nerf olfactif*.

Les *fosses nasales* (les *narines*) s'ouvrent dans le pharynx. Leurs parois latérales présentent trois lames osseuses recourbées sur elles-mêmes et nommées *cornets* : les cornets communiquent avec des cavités creusées dans l'épaisseur des os de la face, et que l'on désigne sous le nom de *sinus*.

Le mécanisme de l'odorat est très-simple : à chaque inspiration les molécules odorantes, entraînées par l'air, pénètrent dans les fosses nasales, viennent frapper la pituitaire ; celle-ci en perçoit les qualités que le nerf olfactif transmet au cerveau.

LA VUE.

La vue, le plus précieux de tous nos sens, nous met en rapport avec la lumière et nous fait connaître par son intermédiaire la couleur, la forme, la grandeur, la position et les mouvements des corps placés devant nous.

Les *yeux*, organes de ce sens, sont des appareils qui ressemblent assez exactement à l'instrument d'optique connu sous le nom de *chambre noire*.

Ils se composent du globe de l'œil, auquel adhère le nerf optique, et d'organes accessoires servant à protéger ce globe et à le mouvoir.

Le *globe* de l'œil, organe sphérique, comme l'indique son nom, est composé de trois enveloppes et de milieux transparents à travers lesquels se réfracte la lumière. Ces enveloppes sont :

1° La *sclérotique*, vulgairement nommée blanc de l'œil.

C'est une membrane fibreuse, percée de deux ouvertures : l'une dans laquelle est enchâssée, comme un verre de montre, la *cornée transparente;* — l'autre qui livre passage au nerf optique. C'est sur la sclérotique que sont fixés les muscles moteurs de l'œil.

2° La seconde enveloppe, la *choroïde*, tapisse les parois intérieures de la sclérotique. Elle est également ouverte en avant, et cette ouverture est remplie par l'iris.

La choroïde est imprégnée d'une matière noirâtre, qui manque chez les Albinos ; c'est elle qui fait de l'œil une *chambre osbcure.*

L'*iris* est une membrane circulaire dont le centre est percé d'une ouverture nommée *pupille.* La face intérieure est diversement colorée; elle est généralement bleue chez les personnes blondes, et brun marron chez les personnes brunes.

Derrière l'ouverture de l'iris, à une très-petite distance, est placé le cristallin, véritable lentille ou verre optique.

Entre la cornée transparente et l'iris se trouve la *chambre antérieure*, remplie par l'humeur aqueuse qui occupe aussi la *chambre postérieure*, comprise entre l'iris et le cristallin. En avant de l'iris se trouve une espèce d'anneau grisâtre, nommé *liga-*

ment ciliaire, qui est destiné à fixer cette membrane. Derrière il y a de petits corps triangulaires, enduits d'une couleur noire, qu'on nomme les *procès*[1] *ciliaires*.

3° La *rétine* est la troisième enveloppe de l'œil; elle est appliquée sur la surface interne de la choroïde et destinée à recevoir l'impression de la lumière. Cette membrane, molle et blanchâtre, formée par l'épanouissement du nerf optique, protége l'humeur vitrée, liquide, gélatineuse et diaphane qui occupe postérieurement les trois quarts de l'œil.

Le *nerf optique* de chaque œil n'est qu'un embranchement d'un même nerf; les deux parties se réunissent, en effet, de façon que l'image perçue double par les yeux arrive unique au cerveau.

Les parties accessoires de l'œil sont : les *orbites*, cavités osseuses qui contiennent un lit de graisse sur lequel l'œil repose mollement; les *sourcils*, saillies arquées et garnies de poils qui ornent et protégent, comme une palissade, le bord supérieur de l'orbite; les *paupières*, voile mobile, au moyen duquel nous dérobons l'organe

---

[1] *Procès*, ici, signifie *saillie, avance*.

de la vue à l'action des rayons lumineux;
les *cils*, rangée de poils garnissant le bord
des paupières, espèce d'auvent sous lequel
est abrité l'instrument si délicat et si im-
pressionnable à l'aide duquel nous voyons.
Enfin une petite glande, nommée *lacry-
male*, est placée à l'angle externe et au-
dessus de l'œil; elle a pour destination de
sécréter les *larmes*.

Mécanisme de la vision.

Les rayons lumineux qui émanent de
tous les points des corps éclairés forment
un cône dont la pointe vient tomber sur la
cornée; ce cône pénètre dans l'œil, subit
différentes réfractions à travers les milieux
qu'il traverse, et vient enfin impression-
ner le nerf optique. La pupille est l'ouverture par laquelle pénètrent les rayons
lumineux qui viennent peindre en petit
sur la rétine, dans une position renversée,
l'image des objets extérieurs.

Mais, puisque la rétine reçoit une image
renversée, pourquoi voyons-nous les objets dans leur position naturelle? L'expli-

cation de ce phénomène est fort simple : tous les objets situés dans le domaine de la vision formant leur image de la même manière, leurs rapports de position ne sauraient être altérés.

L'impression produite sur la rétine dure un certain temps. C'est pour cette raison qu'une lumière qu'on fait tourner rapidement nous présente un cercle de feu.

L'OUIE.

L'organe de l'ouïe est des plus compliqués ; il consiste en trois parties principales : *oreille externe*, — *oreille moyenne*, — *oreille interne*.

L'oreille externe se compose du *pavillon*, ou *conque*, appelé vulgairement *oreille*, — et du *conduit auriculaire*, canal osseux qui s'enfonce dans l'os temporal, nommé *rocher* à cause de sa grande dureté.

L'oreille moyenne est une cavité irrégulière creusée dans la substance osseuse du rocher. Elle est séparée du conduit auriculaire par une membrane sèche fortement tendue, appelée *tympan* (tambour), qu'on pourrait, en effet, comparer à la peau d'un tambour dont l'oreille moyenne formerait la caisse. Du côté intérieur de l'oreille moyenne existent deux ouvertures fermées par des cloisons membraneuses, dont l'une est ovale et l'autre ronde. C'est ce qu'on nomme la *fenêtre ovale* et la *fenêtre ronde*. Dans la partie que nous décrivons se trouve aussi l'ouverture d'un conduit long et étroit qui vient s'ouvrir derrière les fosses nasales, et qui établit ainsi une communication directe entre l'oreille moyenne et l'air extérieur. Ce conduit porte le nom de *trompe d'Eustache*.

Dans l'intérieur de l'oreille moyenne se trouvent encore quatre petits os, appelés *osselets de l'oreille*, et qu'on distingue par les noms de *marteau, enclume, étrier* et *os lenticulaire*. Le marteau appuie par sa tige sur le tympan : c'est la baguette du tambour. L'étrier repose par la base sur la membrane qui bouche la fenètre ovale ; de petits muscles, fixés à ces deux osselets, lui impriment des mouvements par suite desquels le tympan et la fenètre ovale se tendent ou se relàchent pour s'adapter aux différents degrés des sons dont ces membranes sont frappées. L'enclume et l'os lenticulaire tiennent le milieu de la chaîne des osselets.

L'oreille interne, aussi nommée *labyrinthe,* est également creusée dans le rocher. Trois cavités la composent : le *vestibule,* — les *canaux demi-circulaires,* — et le *limaçon.*

Le vestibule est au centre ; les canaux demi-circulaires sont au-dessus et derrière ; le limaçon, situé en avant et en bas, est partagé en deux compartiments, dont l'un s'ouvre dans le vestibule, et l'autre aboutit à la *fenêtre ronde,* qui le met en rapport avec la caisse du tympan.

Au moyen de la trompe d'Eustache, l'oreille interne est remplie d'air. Le labyrinthe, au contraire, est rempli d'un liquide aqueux que renferme une poche dont les parois tapissent le vestibule et les canaux demi-circulaires.

Mécanisme de l'audition.

Les vibrations des corps sonores se communiquent à l'air et arrivent au pavillon de l'oreille. Ces vibrations sont transmises par l'air contenu dans l'oreille moyenne, et par la chaîne des osselets, jusqu'aux fenêtres ovale et ronde dont la membrane les répercute à son tour. Elles arrivent alors au liquide qui remplit l'oreille interne, et vont de là aux filets du nerf acoustique, qui transmet la sensation au cerveau.

Dans ce mécanisme, l'oreille externe et même l'oreille moyenne ne sont que des parties accessoires et de perfectionnement; elles pourraient manquer sans que le sens en fût affecté sensiblement, ainsi que nous le voyons dans les oiseaux, les reptiles et les poissons ; mais la moindre altération dans l'oreille interne amène nécessairement la surdité.

LA VOIX.

Il nous reste à parler de la faculté que possède l'homme de produire des sons particuliers, comme moyen d'expression et de communication de la pensée.

La voix se produit dans un organe spécial situé à la partie supérieure de la trachée-artère, et nommé *larynx*. C'est une espèce de tuyau cartilagineux large et court, dont l'extrémité supérieure débouche dans le *pharynx* et qui, à sa partie inférieure, se soude à la trachée-artère ; quatre cartilages le constituent, ce sont : le *thyroïde,* qui forme en avant cette saillie connue sous le nom vulgaire de *pomme d'Adam ;* le *cricoïde ,* espèce d'anneau au-dessous du précédent, et les deux *aryténoïdes,* situés en arrière.

Une membrane muqueuse tapisse intérieurement le larynx, et forme, vers le cartilage thyroïde, deux replis dirigés d'avant en arrière ; un peu plus haut sont deux autres replis semblables aux précédents. Ces quatre replis portent le nom de *cordes vocales ;* l'espace compris entre eux constitue ce qu'on appelle la *glotte*.

Enfin, au-dessus de l'ouverture supérieure du larynx se trouve une petite languette susceptible de s'abaisser ou de s'élever, de manière à ouvrir ou fermer la cavité du larynx ; cette espèce de soupape a reçu le nom d'*épiglotte*.

La formation des sons dépend de l'action de l'air sur les cordes vocales. Le courant d'air qui vient des poumons imprime à ces cordes des vibrations plus ou moins rapides qui se transmettent à la colonne d'air environnante et produisent des sons plus ou moins aigus. Le larynx, on le voit, peut très-bien être comparé à une flûte et à une harpe.

Voilà pour les sons en général; mais l'homme possède une faculté bien plus précieuse : c'est de modifier les divers sons de sa voix de manière à former des mots qui expriment ses pensées. Cette modification, d'où résulte la *parole*, s'opère dans la bouche au moyen des mouvements combinés de la langue, des mâchoires et des lèvres. La parole est, physiquement parlant, le seul point par lequel l'homme diffère de la bête.

Nous *parlons*, les animaux *crient*. Cette circonstance suffirait pour assigner à l'homme un rang à part et supérieur.

RACES HUMAINES.

Il n'existe dans le genre humain qu'une espèce, puisque tous les hommes sortent de la même souche, Adam ; mais à la longue il s'est formé, parmi les individus de cette espèce, des différences remarquables de couleur et de conformation extérieure, qui ont fait admettre cinq *races* on *variétés* de l'espèce humaine ; ce sont : la *race japétique,* — *neptunienne,* — *mongole,* — *prognathique* — et *occidentale.*

RACE JAPÉTIQUE. — Les signes généraux qui caractérisent cette race sont les suivants : tête ovale, front ouvert, nez proéminent, os des joues (pommettes) peu ou point saillants, oreilles petites et fermes, dents verticales, mâchoires moyennes, avec un menton bien dessiné ; cheveux abondants, quelquefois crépus, mais jamais laineux ; barbe épaisse, teint blanc ou brun, mais non noir, olivâtre ou rouge.

Cette race s'est subdivisée en neuf familles, savoir : la famille *celtique* (Gaulois, Germains, Bretons, Normands, etc.); — la famille *pélasgique* (Grecs) ; — la famille *slave* (Russes, Polonais, Moraves, Dalmates, Hongrois) ; — la famille *caucasique* (Circassiens et Géorgiens); — la famille *tartare* (anciens Scythes et Parthes, Magyars et Kalmouks) ; — la famille *sémitique* (Hébreux et Arabes) ; — la famille *teutonique* (Scandinaves et Germains) ; — la famille *sanskrite* (Aryas, Hindous) ; — la famille *misraïmique* (Egyptiens, Abyssiniens).

RACE NEPTUNIENNE. — Les peuples neptuniens ont la tête arrondie, quelquefois comprimée sur les côtés, avec les pommettes proéminentes ; les yeux, plus éloignés l'un de l'autre que dans la race japétique, et plus élevés vers les angles temporaux, ont l'iris noir ; une bouche moyenne, des lèvres relevées, des cheveux longs, droits, noirs, une barbe rare et tant soit peu roide, des membres bien formés, la plante des pieds étroite, un teint basané ou brun jaunâtre achèvent de les caractériser.

Ce type a deux rameaux principaux répandus dans toutes les îles de la mer des Indes : les *Malais* et les *Polynésiens.*

RACE MONGOLE. — Caractères : tête grosse et haute, visage aplati ; pommettes relevées et saillantes ; yeux étroits et obliques ; sourcils arqués, nez écrasé, narines dilatées ; menton sans barbe ; oreilles larges, bouche très-fendue, dents étroites; teint jaune, très-basané. Cette race comprend deux familles : les *Mongols* proprement dits (Mantchous, Chinois, Japonais, Mogols, Javanais, Siamois, etc.); — et les *Hyperboréens*, ou habitants de l'extrême nord : Ostiaks, Samoïèdes, Esquimaux et Lapons.

RACE PROGNATHIQUE. — Les hommes de cette race ont, en général, les mâchoires grandes et saillantes, les dents incisives obliques, le front étroit, le crâne déprimé sur les côtés, les pommettes fortes, les lèvres épaisses, le nez épaté, les narines très-ouvertes, la chevelure laineuse et enchevêtrée, tantôt crépue, tantôt roide et longue, la barbe clair-semée, le teint noir ou jaune foncé. A cette race se rattachent les familles *afro-nègre* et *hottentote*, celle des *Papous* (terre de Van-Diemen) et celle des *Alfourous* (Australie).

RACE OCCIDENTALE OU AMÉRICAINE. — Caractères : peau rouge cuivrée, front et crâne aplatis, pommettes très-proéminentes ; ouverture des yeux grande et ordinairement oblique ; nez peu saillant, quelquefois écrasé ; bouche très-fendue, dents légèrement obliques ; cheveux longs, roides et noirs, barbe très clair-semée. On divise cette race en trois familles : famille *colombienne*, famille du *Sud* et famille des *Patagons*.

2e ORDRE DES ONGUICULÉS.

QUADRUMANES.

L'ordre des quadrumanes se compose d'un grand nombre d'animaux qui, plus que tous les autres mammifères, ressemblent à l'homme, et sont particulièrement caractérisés par les mains préhensiles qu'ils possèdent aux quatre membres, d'où leur nom de *quadrumanes*. On les nomme aussi *primates*, parce qu'ils occupent le premier rang sur l'échelle du règne animal. Cet ordre se divise en trois grandes familles : celle des *singes*, celle des *ouistitis* et celle des *makis* ou lémuridés.

1re FAMILLE. — Singes.

Les singes sont pourvus de trois espèces de dents : incisives, canines et molaires. Leurs quatre mains ont les pouces opposables aux autres doigts. Ils vivent dans les forêts et se nourrissent surtout de fruits et de racines ; quelques-uns aussi mangent des insectes et des reptiles. Ils sont plus ou moins aptes à marcher sur leurs mains postérieures seules, bien qu'à terre ils prennent tous de préférence la démarche quadrupède. Mais leur séjour habituel est dans les arbres où ils grimpent et sautent de branche en branche, avec une vigueur et une agilité extrêmes, en se servant principalement de leurs bras, qui sont toujours plus longs et plus forts que leurs jambes. Quelques-uns s'aident aussi de leur queue, qu'ils enroulent autour des branches ; on les nomme, pour cette raison, singes *à queue prenante*.

Les singes se subdivisent en deux grandes sections : les *singes proprement dits* ou *singes de l'ancien continent*, appelés aussi *pithéciens*, et les *cébiens* ou singes du nouveau continent. Les pithéciens ont la même formule dentaire que l'homme (trente-deux dents à l'état adulte). Ils ont la queue très-courte, ou même n'en ont point du tout. Leur tête est arrondie, et les yeux dirigés en avant.

Nous citerons comme genres principaux

de cette famille les *gorilles* et les *chimpanzés* d'Afrique, les *orangs* et les *gibbons* de l'Inde et de l'archipel Indien. Ces singes, dont quelques-uns sont de très-grande taille, forment la tribu des *anthropomorphes*, ainsi nommée du grec *anthrôpos*, homme, et *morphè*, forme, parce qu'ils présentent avec notre espèce plus de ressemblance que les autres singes. Nous citerons encore les *magots* de l'Afrique septentrionale, les *macaques*, les *cynocéphales* (singes *à tête de chien*), etc.

Les singes du nouveau continent ont les yeux dirigés de côté, six molaires de chaque côté et à chaque mâchoire ; les narines séparées par une large cloison et ouvertes sur les côtés du nez ; ils n'ont point d'*abajoues* ni de *callosités* aux fesses ; enfin, caractère exclusif à cette tribu, leur queue est souvent *prenante*, c'est-à-dire qu'ils peuvent, en roulant cet appendice autour d'une branche d'arbre, se suspendre complétement ainsi et se balancer en l'air.

Ils forment deux groupes, suivant que leur queue est *prenante* ou ne l'est pas : ce sont les *sapajous* et les *sagouins*.

2ᶜ Famille. — Ouistitis.

Ce qui distingue uniquement les *ouistitis* des *singes* proprement dits, avec lesquels on les a longtemps confondus, c'est que leurs ongles sont pointus et en forme de griffes : pour le reste de leur organisation, ils rentrent dans la famille des singes ; mais une particularité digne de remarque, c'est que, appartenant au nouveau monde, les ouistitis diffèrent moins des singes de l'ancien continent que ceux d'Amérique. En effet, ils ont, comme les premiers, vingt dents molaires seulement, tandis que les autres en ont vingt-quatre.

3ᵉ Famille. — Makis.

Les *makis* ont les dents incisives plus nombreuses que les singes et les ouistitis, et se rapprochent beaucoup plus sous ce rapport des animaux carnassiers. Ils ont les ongles plats, excepté celui des deux premiers doigts de derrière, qui est pointu et relevé.

Les makis habitent exclusivement la grande île de Madagascar, où on les apprivoise facilement. On les dresse pour la chasse comme nous avons dressé le chien.

Un genre de cette famille a été appelé *maki à tête de renard*, à cause de la forme allongée de son museau.

3e ORDRE DES ONGUICULÉS.

CARNASSIERS.

Les animaux de ce troisième ordre des mammifères ont les doigts terminés par des griffes, mais ils n'ont plus le pouce opposable et libre; l'extrémité de leurs membres est donc terminée par une *patte* ou *pied*, et non plus par une *main*. Leur nourriture se compose presque exclusivement de matières animales. Les mâchoires sont articulées de manière à ne point permettre de mouvements latéraux semblables à ceux qu'on observe chez les animaux qui se nourrissent de matières végétales. Comme ils ont presque toujours à combattre une proie vivante, ils possèdent une grande force de mâchoires, et les muscles qui leur servent à rapprocher ces organes sont très-gros, ce qui donne beaucoup de largeur à la tête de ces animaux.

L'odorat est chez eux très-développé, et leur sert à découvrir leur proie à des distances souvent fort grandes. Ces animaux sont généralement vigoureux, souples et agiles.

On les divise en trois familles, qui sont : les *chéiroptères,* — les *insectivores* — et les *carnivores.*

1re Famille. — Les Chéiroptères.

Les chéiroptères (*mains ailées*) ou chauves-souris sont munis d'une sorte d'ailes formées par une large membrane étendue entre leurs membres antérieurs et postérieurs, ainsi qu'entre leurs doigts, démesurément allongés ; ce qui leur permet de se soutenir et de voler dans les airs comme les oiseaux.

Quelques animaux de cette famille ont à la place des *ailes* une espèce de grande voile formée par un repli de la peau, et qui, étendue et mise en mouvement par les membres de l'animal, remplit l'office d'un *parachute* à l'aide duquel ils peuvent se soutenir en l'air, lorsqu'ils s'élancent d'un point élevé.

De là deux tribus : les *chauves-souris* proprement dites — et les *galéopithèques*.

2e Famille. — Les insectivores.

Cette famille se compose des mammifères carnassiers qui ne se nourrissent que d'insectes. Ce sont des animaux faibles et de petite taille qui, pendant le jour, se cachent dans des trous ou des *terriers*, dont ils ne sortent que le soir ; pour la plupart ils passent l'hiver en léthargie.

Deux tribus composent cette famille : les *marcheurs* et les *fouisseurs*.

Les *marcheurs* comprennent deux genres principaux : les *hérissons*, dont le caractère principal est qu'au lieu de *poils* leur corps est couvert de piquants roides et aigus ; et les *musaraignes*, animaux très-petits dont le corps est couvert de poils, accompagnés d'une petite bande de soies roides, entre lesquelles suinte une humeur odorante.

Parmi les *fouisseurs*, on compte les *taupes*, qui vivent dans la terre, où elles se creusent des galeries au moyen de leurs ongles et de leur museau. Les yeux de cet animal sont si petits qu'on a prétendu qu'il était aveugle.

3ᵉ FAMILLE. — Les Carnivores.

Cette famille comprend les animaux féroces proprement dits et ceux qui se nourrissent essentiellement de la chair d'autres animaux. Leurs doigts, bien distincts, sont terminés par des griffes qui, chez certaines espèces, sont *rétractiles*, c'est-à-dire peuvent se retirer sous la peau, de manière à faire, comme on dit vulgairement, *patte de velours :* exemple, le *chat.*

Les mammifères carnassiers ou carnivores se divisent en trois tribus d'après la manière dont ils appuient le pied sur le sol : les *plantigrades,* — les *digitigrades* — et les *amphibies.*

TRIBU DES PLANTIGRADES.

Ces mammifères ont cinq doigts à chaque pied et appuient toute la plante du pied sur le sol en marchant, d'où leur est venu le nom de *plantigrades,* qui signifie marchant sur la plante des pieds.

Les plantigrades ont la démarche lente et lourde ; ils mènent une vie triste, souterraine et souvent nocturne ; dans les pays froids, ils passent l'hiver en léthargie.

Les genres les plus remarquables de cette tribu sont les *ours,* — les *ratons,* — les *blaireaux* — et les *gloutons.*

Les *ours* sont ces animaux à corps trapu, à membres épais et à queue très-courte, que tout le monde connaît.

Les espèces les plus remarquables sont : l'*ours brun,* qui habite les hautes montagnes des Pyrénées et des Alpes ; — et l'*ours blanc,* qui habite les régions glacées de notre hémisphère, le long de la mer, où il se nourrit de poissons.

Les *ratons* ressemblent beaucoup à de petits ours qui auraient une queue longue ; ils habitent les forêts de l'Amérique.

Les *blaireaux* sont des animaux nocturnes, à marche rampante, à queue très-courte ; leurs doitgs sont engagés dans la peau. Leurs ongles de devant, disposés pour fouir les terres, les rapprochent beaucoup des *fouisseurs*. Ils se distinguent par une poche située sous la queue, d'où suinte une humeur grasse et fétide. Leurs poils sont longs et soyeux et ont la propriété de ne point se feutrer ; aussi servent-ils à la fabrication des pinceaux à barbe et pour la peinture.

Les *gloutons* ressemblent beaucoup aux blaireaux, mais ils sont plus carnassiers ; leur nom leur vient de leur prodigieuse voracité, qui les excite à s'attaquer à des animaux souvent plus grands et plus forts qu'eux.

TRIBU DES DIGITIGRADES.

Ce nom signifie *qui marche sur les*

doigts; cette disposition des pieds, qui caractérise cette sorte d'animaux, leur permet une course légère et rapide. Ce sont les plus cruels de l'ordre des carnassiers.

On peut diviser cette tribu en huit genres, savoir : le genre *martre,* le genre *putois,* le genre *moufette,* le genre *loutre,* le genre *chien,* le genre *hyène,* le genre *civette* et le genre *chat.*

Dans le genre *martre* on distingue : la *martre commune,* — la *fouine,* — la *romaine* — et la *martre zibeline,* dont la fourrure est l'objet d'un commerce considérable, et la chasse une des plus pénibles qu'on connaisse.

Dans le genre *putois :* le *putois commun,* — le *furet,* — la *belette* — et l'*hermine;* cette dernière offre cette particularité remarquable qu'elle a deux pelages, l'un brun, en été, et l'autre blanc, en hiver; c'est de ce pelage d'hiver que nous vient cette fourrure estimée, connue sous le nom d'*hermine.*

Les *moufettes* habitent l'Amérique, et sont célèbres par l'odeur repoussante qu'elles répandent au loin.

Tous ces animaux sont très-sanguinaires,

quoique de petite taille, et répandent une odeur plus ou moins forte. Leur corps est long, grêle et bas sur les jambes.

Dans le genre *loutre* on comprend : la *loutre commune* — et la *loutre de mer*. La tête de ces animaux est large et déprimée ; leur pelage est très-épais et fournit une fourrure très-estimée.

Dans le genre *chien*, qui se divise en deux sous-genres bien distincts, les *chiens* — et les *renards*, nous trouvons :

Dans le sous-genre des *chiens* proprement dits : le *chien domestique*, divisé en une infinité d'espèces ; le *loup commun* et le *chacal* ou *loup doré*, qu'on trouve en grand nombre dans les parties chaudes de l'Afrique et de l'Asie.

Dans le sous-genre des *renards*, nous trouvons : le *renard ordinaire*, dont tout le monde connaît les ruses et l'adresse.

Les renards se distinguent des chiens par la queue, longue et touffue ; par la forme du museau, plus allongée, et surtout par la disposition de l'œil, qui est oblique ; ce sont des animaux nocturnes.

Le genre *hyène* se distingue du genre *chien* par quatre doigts à toutes les pattes, et par une poche glanduleuse située au-dessous de la queue. La *hyène commune* est d'une voracité extrême ; elle vit de cadavres et va les chercher jusqu'au fond des tombeaux. Son allure et son cri sont des plus bizarres.

Dans le genre *civette*, nous rencontrons des animaux qui semblent en quelque sorte tenir le milieu entre le chien et le chat, et dont le principal caractère est une poche placée sous la queue et remplie d'une matière grasse dont l'odeur est très-forte et désagréable.

La *civette* proprement dite, — la *genette*, — la *mangouste d'Égypte* ou *rat de Pharaon*, qui n'est autre que le fameux *ichneumon* adoré par les anciens Égyptiens, sont les plus remarquables espèces de ce genre.

Sous le nom de *chat*, les naturalistes comprennent les carnivores les plus fortement armés et ceux dont les ongles sont *rétractiles*.

A la tête de ce genre se place le *lion*, le plus fort des animaux carnassiers. Ce qui le distingue au premier aspect, c'est sa tête carrée, le flocon de poils qui termine sa longue queue, et la crinière qui couvre le cou et les épaules du mâle. Rien de plus terrible que ce superbe animal lorsqu'il s'apprête au combat.

Viennent ensuite :

Le *couguar* ou *lion d'Amérique;*

Le *tigre royal* ou *tigre d'Orient*, animal encore plus redoutable que le lion, car il l'égale en taille et en force, et le surpasse en férocité. Son poil est jaune, avec des raies transversales noires ;

Le *jaguar* ou *tigre d'Amérique*, que les fourreurs appellent, mais très-improprement, la *grande panthère;*

La *panthère;* les taches noires de son pelage fauve ont la forme de roses ; le *léopard*, qui ressemble beaucoup à la panthère ; le *lynx*, dont la vue perçante est passée en proverbe ; et le *chat domestique*, connu de tout le monde.

TRIBU DES AMPHIBIES.

Ces animaux se tiennent ordinairement dans la mer, mais ils sont obligés de venir de temps en temps se reposer à terre ; ce genre de vie leur a valu le nom d'*amphibies*. Ils ont les pieds si courts que sur terre ils ne peuvent que ramper ; mais comme leurs doigts sont reliés par des membranes, que leurs poils sont ras et leur échine très-mobile, ils sont excellents nageurs.

Deux genres seulement composent cette tribu : — les *phoques,* que leur tête ronde et assez semblable à celle du chien a fait nommer *chiens de mer,* — et les *morses* qui se distinguent des phoques par deux énormes canines implantées dans la mâchoire supérieure ; elles se dirigent en bas comme des défenses et atteignent jusqu'à soixante centimètres de longueur. Le morse se sert de ses dents pour se fixer sur les rochers avant de s'endormir.

4e ORDRE DES ONGUICULÉS.

MARSUPIAUX.

Ces animaux se distinguent de tous les autres mammifères par la présence d'une poche qu'ils portent sous le ventre et au fond de laquelle sont les mamelles. Cette poche leur sert à loger leurs petits encore très-jeunes.

Ces animaux sont *omnivores*, c'est-à-dire qu'ils se nourrissent de tout ce qu'ils trouvent.

Cet ordre forme six familles, dont les principaux genres sont la *sarigue*, — les *phalangers* — et les *kanguroos*, animaux sauteurs pour la plupart.

5e ORDRE DES ONGUICULÉS.

RONGEURS.

Une taille généralement petite, deux longues et fortes dents sur le devant de chaque mâchoire, un espace libre, puis les molaires au fond, tels sont les traits caractéristiques de cet ordre nombreux qui comprend deux familles : les *rongeurs claviculés* — et les *rongeurs sans clavicule.*

1re Famille. — Rongeurs claviculés.

Les genres qui composent cette famille
sont fort nombreux ; c'est à elle qu'appartiennent les *écureuils,* les *marmottes,* les
loirs, les *rats* et les *castors.*

Ce dernier animal est remarquable par
sa queue ovale et couverte d'écailles, et
par l'instinct qu'il montre en construisant
au bord des eaux des huttes ingénieuses.
La vie du castor est essentiellement aquatique. Son corps est long de soixante à
soixante-dix centimètres ; sa peau, d'un
brun roux, est très-estimée pour la fabrication des chapeaux. Le castor abonde en
Amérique et dans le nord de l'Asie, où il
vit en troupes nombreuses.

Petits, vifs, gracieux, agiles et adroits,
les *écureuils* sont faciles à reconnaître à
leur superbe queue en éventail. La grande
hauteur de leur train de derrière en fait
des animaux sauteurs.

Les *rats* sont trop connus pour que
nous fassions autre chose que les nommer
en passant.

2° Famille. — Rongeurs sans clavicules.

Les principaux genres de cette famille sont : le *porc-épic*, qui ressemble beaucoup au hérisson par les piquants roides qui garnissent son corps ; — le *lièvre*, — le *lapin*, — le *cochon d'Inde*, — et les *agoutis*, qui dans l'Amérique méridionale sont très-estimés pour la délicatesse de leur chair.

6° ORDRE DES ONGUICULÉS.

EDENTÉS.

Ces animaux manquent de dents incisives et de canines, et quelquefois même n'ont pas de dents ; ils se nourrissent d'insectes et de substances végétales. Lourds et paresseux, vivant dans des terriers d'où ils ne sortent que la nuit, les édentés ont des ongles volumineux qui enveloppent l'extrémité de leurs doigts et établissent la transition des onguiculés aux ongulés qui viennent immédiatement après. Nous citerons dans cet ordre : le *paresseux*, ainsi nommé à cause de l'extrême lenteur de sa marche ; — la *tatou*, dont le corps est cuirassé par une espèce d'enveloppe calcaire, — et le *pangolin*, qui est couvert d'écailles imbriquées et tranchantes.

1er ORDRE DES ONGULÉS.

PACHYDERMES.

Dans cet ordre se trouvent les plus gros mammifères terrestres. Tous les animaux qui le composent sont herbivores. Leurs doigts sont enveloppés dans des sabots dont le nombre varie ; leur *peau*, à deux exceptions près, est nue et très-*épaisse ;* de là leur nom.

Les *pachydermes* se divisent en deux tribus ; la première comprend les *pachy-*

dermes à trompe; la seconde, les *pachydermes sans trompe.*

L'*éléphant* est le seul animal qui appartienne à la première tribu. Il porte à la mâchoire supérieure deux énormes **défenses** qui occupent la place des dents incisives et qui se composent de la matière connue sous le nom d'*ivoire.* La *trompe,* qui n'est autre chose que le prolongement du nez, est pour l'éléphant une sorte de main, douée d'une grande force et d'une dextérité singulière.

L'éléphant a les mœurs sociables et s'apprivoise aisément; ses aliments ordinaires sont des racines, des herbes et des feuilles.

Dans la seconde tribu des pachydermes on rencontre des animaux qui ont quatre sabots à chaque extrémité, et sont appelés, pour cette raison, *fissipèdes.* Les *solipèdes,* au contraire, n'ont qu'un sabot.

Parmi les fissipèdes on remarque:

L'*hippopotame,* qui a le corps énorme, les jambes très-courtes, le museau renflé et la peau presque sans poils; il a quatre sabots à chaque pied.

Le *sanglier,* souche de notre cochon domestique, a le corps trapu, les oreilles droites, deux défenses coniques recourbées en dehors, le poil hérissé et noirâtre. Son museau se termine en un boutoir tronqué, propre à fouiller la terre.

Le *rhinocéros* se distingue par l'épaisseur extrême de sa peau et par la corne solide qu'il porte sur le nez. C'est le plus grand des quadrupèdes après l'éléphant.

Les *damans* ressemblent beaucoup plus aux rongeurs qu'aux autres pachydermes. Leur corps, un peu plus gros que celui d'un fort lapin, est couvert d'un poil épais et soyeux. Ils sont d'un naturel fort doux; ils vivent sur les rochers, bien qu'ils aiment à grimper sur les arbres.

Les *tapirs* sont des animaux qui ressemblent beaucoup au cochon, et dont le museau, plus allongé, se termine par une espèce de trompe.

Le genre des *solipèdes*, c'est-à-dire à un seul sabot, comprend trois espèces principales : le *cheval*, — l'*âne* — et le *zèbre*, joli animal que distinguent des bandes élégantes partageant sa peau soyeuse en zones alternativement blanches ou fauves et noires.

2ᵉ ORDRE DES ONGULÉS.

RUMINANTS.

Par *ruminer*, on entend l'action de ramener les aliments dans la bouche après les avoir avalés une première fois, pour les mâcher encore et d'une manière plus complète. Cette faculté, qui distingue essentiellement les animaux de ce huitième ordre des mammifères, est due à la disposition de leur estomac qui se compose de quatre poches distinctes : la *panse,* — le *bonnet,* — le *feuillet* — et la *caillette.*

Les ruminants sont herbivores. Leur mâchoire inférieure, indépendamment du mouvement de haut en bas commun à tous les mammifères, exécute des mouvements de côté qui ont pour but de faciliter la trituration des aliments.

Leurs pieds sont *fourchus* ou à deux sabots.

Les ruminants se divisent en quatre familles : les *caméliens,* — les *élaphiens,* — les *camélopardaliens* — et les *tauriens.*

1re Famille. — Caméliens.

Ce sont les ruminants sans cornes et sans bois. Les genres les plus remarquables sont :

Le *chameau*, qui se distingue par les énormes bosses de graisse qu'il a sur le dos. La grande sobriété de cet animal, sa patience et la rapidité de sa course font de lui un serviteur bien précieux ; on l'a nommé le *navire du désert* ;

Le *lama*, espèce de chameau sans bosse ;

Le *musc*, ou chèvre du Thibet, qui fournit le parfum portant son nom.

2e Famille. — Elaphiens.

Cette famille comprend tous les ruminants dont la tête est ornée de *bois* qui s'élèvent en se ramifiant de chaque côté du front, et s'en détachent après avoir acquis tout leur développement, pour repousser de nouveau.

Dans cette famille se range le genre des

cerfs qui se subdivise en plusieurs espèces.

Tous les animaux de ce genre habitent les forêts et sont très-légers à la course.

Les femelles, excepté dans une seule espèce, le *renne*, sont toujours dépourvues de *bois*. Ces femelles portent le nom de *biches*, leurs petits s'appellent *faons*.

Le *cerf commun*, — le *daim*, — le *chevreuil*, — l'*élan* — et le *renne* sont des espèces les plus remarquables du genre *cerf*.

Les *rennes* vivent en Laponie.

Les plus riches Lapons ont des troupeaux de quatre à cinq cents rennes. Ces animaux sont doux et sont d'un grand profit pour leurs maîtres. Le lait, la peau, les nerfs, les os, les cornes des pieds, les bois, le poil, la chair, tout en eux est bon et utile.

3ᵉ Famille. — Camélopardaliens.

Des cornes pleines, persistantes, communes aux deux sexes et recouvertes d'une peau velue; voilà les caractères de cette famille, à laquelle appartient une seule espèce, — la *girafe*. Cet animal a la peau mouchetée de brun sur un fond blanc ; ses jambes de devant sont si élevées que, bien que son cou soit fort long, il est obligé de les écarter pour pouvoir brouter sa nourriture ; aussi la girafe préfère-t-elle la feuille des acacias et les jeunes pousses des frênes qu'elle cueille aux branches de ces arbres.

4ᵉ FAMILLE. — Les Tauriens.

Les caractères généraux de cette famille sont des cornes creuses, nues et persistantes, composées d'une matière désignée sous le nom de *corne* et qui est analogue aux ongles et aux griffes des carnivores.

Les tauriens sont les animaux les plus utiles à l'homme.

Les principales espèces sont :

Le *bœuf*, dont la femelle est appelée *vache*, et le petit, *veau* ;

Le *mouton*, dont la femelle s'appelle *brebis*, de laquelle naît l'*agneau* ;

Le *bouc*, et la *chèvre*, sa femelle ;

La *gazelle*, à la taille élégante ;

Le *chamois*, qui ne se plaît que sur les rochers ;

L'*antilope*, qui est le type des deux espèces que nous venons de nommer ;

Le *mouflon*, le *yack*, etc. ;

Le *buffle*, qui existe en grand nombre dans les contrées de l'Afrique, de l'Amérique et des Indes, arrosées de rivières et où se trouvent de grandes prairies.

ORDRE UNIQUE DES ICHTHYOÏDES.

CETACÉS.

Par leur forme extérieure, les *cétacés* ressemblent aux poissons ; mais ce sont de véritables mammifères, car ils sont *vivipares*, ont le *sang chaud* et respirent par des *poumons*.

Les cétacés, dont quelques-uns atteignent des proportions gigantesques, n'ont pas de membres postérieurs ; ceux de devant, très-courts et très-robustes, sont disposés en nageoires. Leur corps, couvert d'une peau nue, se termine par une large nageoire analogue à la queue des poissons ; mais cette nageoire est, chez eux, placée horizontalement, tandis qu'elle l'est verticalement chez les poissons.

L'ordre des cétacés se subdivise en deux familles :

Les *cétacés herbivores,* qui peuvent sortir de l'eau pour venir ramper sur le rivage et paître l'herbe, comme les *dugons* et les *lamantins,* — et les *cétacés ichthyophages* ou *mangeurs de poissons,* parmi lesquels nous citerons :

La *baleine,* chez qui les dents sont remplacées par de longues lames de corne nommées *fanons,* qui garnissent la mâchoire supérieure. Cet animal fournit, comme on sait, une grande quantité d'huile qui provient de la couche graisseuse située sous sa peau. Ses *fanons* ne sont autre chose que cette matière élastique connue sous le nom de *baleine.*

Les *cachalots* sont des cétacés dont la tête est fort volumineuse et renflée surtout en avant, dont la mâchoire inférieure seulement est armée de dents. La partie supérieure de l'énorme tête de ces animaux est remplie d'une huile dont on sépare une partie solide, appelée *blanc de baleine*, qui sert à faire de la bougie.

Le *dauphin*, ce prétendu ami de l'homme, est, à proportion de sa taille, le plus carnassier et le plus cruel de tous les cétacés; ses deux mâchoires sont armées de dents aiguës.

Le *marsouin* est une variété du genre *dauphin*. Une espèce de marsouin, nommé *épaulard*, fait à la baleine une guerre acharnée; les épaulards l'attaquent par troupes et la harcèlent jusqu'à ce qu'elle ouvre la bouche, et alors ils lui dévorent la langue.

Les cétacés ichthyophages ont aussi reçu le nom de *cétacés souffleurs*, à cause d'une faculté bizarre qu'ils possèdent :

Ils engloutissent dans leur vaste gueule une grande quantité d'eau lorsqu'ils s'emparent de leur proie; une disposition particulière leur permet, tout en conservant leur proie, de se débarrasser de cette eau qu'ils font passer dans les fosses nasales, où elle s'amasse dans un sac particulier; les muscles qui entourent cette espèce de réservoir se contractent et la chassent avec violence par les narines percées à la partie supérieure de la tête, de manière à former deux jets qui s'élèvent jusqu'à la hauteur de plusieurs mètres.

Ces narines sont nommées *évents;* chez les cachalots, les évents sont réunis en une seule ouverture.

DEUXIÈME CLASSE DES VERTÉBRÉS.

OISEAUX.

Les oiseaux sont les seuls animaux *ovipares* qui aient le sang chaud. Eminemment *bipèdes*, leur forme générale varie très-peu, et présente toujours les caractères suivants :

Une *tête* très-petite comparativement au reste du corps, terminée en avant par un *bec* formé de deux mandibules cornées, dont la substance dure tient lieu de *dents;* un *cou*, dont les articulations mobiles permettent à la tête de prendre toutes les directions; une *colonne vertébrale* intimement soudée et *immobile*.

Les membres antérieurs, transformés en des espèces de rames appelées *ailes,* permettent à l'animal de s'élever et de se soutenir dans l'air ; les membres postérieurs sont terminés par quatre *doigts*, tantôt *libres*, tantôt *palmés*, c'est-à-dire réunis par une membrane lâche ; leur corps est couvert de *plumes* au lieu de poils ;

A quelques modifications près dans le plumage, dans la forme et la grandeur du corps, dans la disposition du bec et dans la conformation des pieds, tous les oiseaux offrent une ressemblance parfaite.

On les divise en six ordres, d'après la forme de leur bec et de leurs pieds : les *rapaces* ou oiseaux de proie, — les *passereaux,* — les *grimpeurs,* — les *gallinacés,* — les *échassiers* — et les *palmipèdes.*

1er ORDRE DES OISEAUX.

RAPACES OU OISEAUX DE PROIE.

Un bec crochu, dont la pointe est recourbée en bas, des pieds très-forts, armés d'on-

gles crochus et puissants, voilà ce qui caractérise les oiseaux de proie.

Ces oiseaux vivent uniquement de chair;
ils pourchassent les autres oiseaux, et
même les quadrupèdes faibles et les reptiles; aussi ont-ils pour la plupart le vol
très-puissant.

Ils sortent de l'œuf nus et les yeux fer-
més, et ne peuvent, tant qu'ils sont petits,
vivre sans le secours de leur père et de
leur mère, qui pourvoient à tous leurs
besoins.

Les rapaces forment deux familles : les
oiseaux *diurnes* et les oiseaux *nocturnes*,
que l'on peut distinguer aux caractères
suivants :

RAPACES.

DIURNES...
Yeux dirigés de côté; *tête* et *cou* proportionnés; *doigt extérieur* dirigé en avant et réuni par sa base, à l'aide d'une petite membrane, au doigt du milieu.

NOCTURNES.
Yeux dirigés de côté; *tête* grosse et *cou* fort court; *doigt extérieur libre*, c'est-à-dire pouvant se diriger à volonté en avant ou en arrière.

1re Famille. — Oiseaux de proie diurnes.

On la divise en trois tribus : les *vautours*, — les *griffons* — et les *faucons*.

Les *vautours* se reconnaissent à la nudité d'une portion de leur tête et même de leur cou, à la forme de leur bec, qui est allongé et recourbé seulement au bout. Leur aspect est désagréable, et ils exhalent une odeur infecte, parce qu'ils ne se nourrissent que de cadavres ; ils sont extrêmement voraces.

Il y a quatre genres de vautours :

Les *vautours* proprement dits, qui se distinguent par le collier de plumes qui entoure la base de leur cou : exemple, le *vautour fauve ;*

Les *sarcoramphes*, pourvus de deux caroncules ou masses charnues qui s'élèvent au-dessus de la base de leur bec, par exemple : le *roi des vautours*, le *condor* des Andes.

Les *cathartes* et les *percnoptères*, reconnaissables à leur cou emplumé ; par exemple, le *percnoptère* d'Égypte.

Les *griffons*, qui forment la deuxième tribu, ont le bec très-fort, droit, crochu au bout et renflé sur le crochet. Leur cou est emplumé; ils ont les narines recouvertes de soies rudes ; un pinceau de soie sous le bec, et les jambes couvertes de plumes jusqu'aux doigts.

Les *faucons*, qui forment la troisième tribu, se distinguent par des sourcils saillants qui font paraître leurs yeux enfoncés.

Cette tribu est très-nombreuse et se divise en plusieurs genres, dont les principaux sont :

Les *faucons* proprement dits; — les *gerfauts*, qui ont les ailes pointues,

Et les *aigles*, les *autours*, les *milans*, les *bondrées* et les *buses*, qui ont les ailes tronquées au bout.

Ces divers genres renferment une infinité d'espèces :

L'*orfraie*, la *pygargue*, l'*émerillon*, la *cresserelle*, l'*épervier*, la *harpye*, etc., etc.

2ᵉ Famille. — Oiseaux de proie nocturnes.

Cette famille ne se compose que d'un seul genre, les *chouettes*, où sont comprises les différentes espèces des *hibous*, des *effraies*, des *chats-huants*, des *ducs*, des *chevêches*, etc.

2ᵉ ORDRE DES. OISEAUX.

PASSEREAUX.

Cet ordre renferme tous les oiseaux qui ne sont ni chasseurs, ni nageurs, ni grimpeurs, ni échassiers, ni gallinacés, c'est-à-dire tous ceux qui ne présentent pas les caractères assignés aux cinq autres ordres. On le voit, son caractère se trouve ainsi purement négatif, et consiste en ce qu'on ne peut réunir sous un signalement commun toutes les espèces qui y rentrent.

Cet ordre, extrêmement nombreux, a été divisé en cinq familles, savoir : les *dentirostres*, les *conirostres*, les *fissirostres*, les *ténuirostres* et les *syndactylés*.

1re Famille. — Dentirostres.

Les oiseaux de cette famille ont, ainsi que l'indique leur nom, le bec *dentelé* à son extrémité. Ils se nourrissent d'insectes, quelquefois de fruits. Les genres les plus remarquables sont :

Les *pies-grièches*, dont le bec est un peu crochu au bout, et qui comptent cinq espèces différentes. Viennent ensuite :

Les *gobe-mouches*, qui ont le bec tout droit et assez long ;

Les *cotingas*, remarquables par la beauté de leur plumage ;

Les *tangaras*, petits oiseaux dont les couleurs sont très-variées ;

Les *merles*, qui ont le bec allongé et pointu, mais non crochu. A ce genre appartiennent les *grives*, oiseaux de passage qui nous arrivent par troupes en automne et au printemps ; — le *moqueur*, célèbre par l'étonnante facilité qu'il possède d'imiter sur-le-champ tous les sons qu'il entend ; il vit en Amérique ;

Les *cincles* ou merles d'eau : le *cincle plongeur;*

BIBLIOTHÈQUE IMPÉRIALE

Les *fourmiliers*, ainsi nommés à cause de leur goût prononcé pour les fourmis, dont ils font surtout leur nourriture ;

Les *loriots*, dont les migrations en Afrique annoncent l'approche de l'hiver ; leur nid, placé dans la fourche d'une branche, est fait en chanvre, laine de moutons, tapissé de plumes et de soies de chenilles, etc.;

Les *lyres*, — les *becs-fins*. Au genre *becs-fins* appartiennent : les *fauvettes*,— les *roitelets* — et les *farlouses*, ou *alouettes des prés*.

Les *roitelets* sont de petits oiseaux communs en France, très-agiles et peu frileux; vivant en famille, comme les mésanges, et comme elles se cramponnant aux branches des arbres pour y chercher leur nourriture.

Le *troglodyte d'Europe* a le corps ramassé, porte la queue relevée et vit caché dans les endroits obscurs, les bois et les broussailles. Son plumage est brun, mêlé de blanc et de noir. Cet oiseau se plaît dans le voisinage des habitations.

2ᵉ Famille. — Conirostres.

Un bec fort et conique distingue cette
famille ; les *alouettes*, — les *mésanges*, —
les *tisserins*, — les *bruants*, — les *moineaux*, — les *corbeaux* — et les *oiseaux
de paradis* forment autant de genres différents.

Le genre des *moineaux* comprend : les
*serins, pinsons, veuves, linottes, gros-becs,
bouvreuils, chardonnerets.*

3ᵉ Famille. — Fissirostres.

Deux tribus composent cette famille,
dont le caractère physique consiste dans
un bec droit, court et fendu très-profon-
dément : ce sont les *fissirostres diurnes* —
et les *fissirostres nocturnes.*

La première se compose du genre *hirondelles*, remarquable par la longueur
des ailes, et qui se subdivise en *hirondelles*
proprement dites et en *martinets.*

L'*hirondelle de fenêtre*, noire dessus, blanche dessous ;

L'*hirondelle de cheminée*, dont la queue est longue et très-fourchue ;

Et l'*hirondelle salangane*, dont le nid fournit aux Chinois un mets qu'ils trouvent si délicieux.

Les *martinets* sont ces oiseaux qui vivent autour de grands édifices, qu'on voit toujours dans les airs, et qui font une si rude chasse aux hirondelles, leurs parentes.

La tribu des *fissirostres nocturnes* se compose du genre que l'énorme fente de son bec a fait appeler *engoulevent*, et dont les ailes sont subobtuses.

Les oiseaux de ce genre vivent isolés, ne voient que la nuit, et poursuivent les phalènes et autres insectes nocturnes. Ce sont en Europe des oiseaux voyageurs.

4ᵉ FAMILLE. — Ténuirostres ou à bec grêle.

Dans cette famille, nous trouvons les *colibris*, — les *oiseaux-mouches*, si petits et si brillants qu'on les prendrait pour des papillons, — les *torchepots*, — les *éche-lettes* — et les *grimpereaux*.

Parmi les mille espèces d'oiseaux qui peuplent l'ancien et le nouveau monde, celles des *colibris* et des *oiseaux-mouches* occupent le premier rang par la légèreté, la grâce et l'élégance dont la nature a doué ces petits chefs-d'œuvre : on dirait des pierres précieuses enchâssées dans l'or et animées d'un souffle de vie. Ils abondent surtout dans la Louisiane.

Les *fourniers* sont de petits oiseaux qui vivent dans l'Amérique du Sud. Leur plumage est roux clair, avec la gorge blanche et la queue d'un rouge vif.

5ᵉ Famille. — Syndactyles.

Cette famille comprend les genres suivants : les *guêpiers*, qui se nourrissent d'insectes et de guêpes qu'ils saisissent au vol ; les *martins-pêcheurs*, dont la patience à attendre, postés sur un arbre, un poisson qui passe à leur portée, ne peut se comparer qu'à celle du *pêcheur à la ligne* ; et les *calaos*, oiseaux indiens, remarquables par leur bec énorme et dentelé, à crête élevée, surmonté d'un casque, quelquefois aussi grand que le reste du corps.

3ᶜ ORDRE DES OISEAUX.

GRIMPEURS.

Deux doigts en avant et *un en arrière* donnent à ces oiseaux un point d'appui plus solide pour se cramponner aux branches et au tronc des arbres et pour y grimper. Les oiseaux ainsi conformés appartiennent seuls à cet ordre, bien qu'il y en ait un grand nombre d'autres qui *grimpent aussi :* témoin les *grimpereaux* que nous avons nommés tout à l'heure, et qui paraissent former la transition d'un ordre à l'autre.

Les genres principaux des OISEAUX GRIMPEURS sont les *pics*, les *torcols*, les *perroquets*, les *toucans*, dont l'énorme bec est presque aussi long que leur corps, et les *coucous* qui, bien que conformés comme les grimpeurs, ne *grimpent* cependant pas.

On connaît les espèces nombreuses qui composent le genre des perroquets : les *aras*, bleus, jaunes et rouges ; — les *perruches*, vertes ; — le *jacko*, gris ; — les *cacatoès*, blancs et dont la tête est ornée d'une houppe jaune, — et les *amazones*, à la tête rouge et au corps vert.

Le genre *anis* appartient à l'ordre des grimpeurs. Ce sont des oiseaux qui vivent par troupes. Au moment de la ponte, toutes les femelles pondent et couvent dans le même nid.

4ᵉ ORDRE DES OISEAUX.

GALLINACÉS.

A cet ordre appartiennent la plupart de nos oiseaux de basse-cour. Il se divise en deux familles : les *gallinacés* — et les *pigeons*.

Les principaux genres de la famille des gallinacés sont :

Les *dindons* et les *paons ;*

Les *alectors* ou dindons d'Amérique ;

Les *pintades*, originaires d'Afrique et qui, naturalisées en Europe, n'ont jamais pu s'y apprivoiser complétement ;

Les *faisans*, parmi lesquels se classe notre coq domestique avec sa nombreuse progéniture ;

Les *tétras*, genre très-nombreux, qui se compose :

Des *coqs de bruyère*, des *perdrix*, des *cailles*, etc., etc.

La famille des *pigeons* est regardée comme la transition naturelle des passereaux aux gallinacés.

Les oiseaux de cette famille, lorsqu'ils boivent, ne relèvent pas la tête comme les gallinacés ; ils volent bien, ce qui les distingue encore de ceux-ci, dont le vol est ordinairement lourd ou presque nul.

Types principaux : le *ramier*, — le *biset*, — la *tourterelle*, — la *colombe rieuse* ou *tourterelle à collier*, originaire d'Afrique, dont le roucoulement ressemble au rire ; — la *colombe émigrante* ou *pigeon de passage*, dont la tête, d'un bleu d'ardoise, est parsemée de taches noires et brunes qui s'étendent sur le reste du plumage.

Cette dernière est remarquable par la rapidité de son vol : on a calculé que, lorsqu'elle émigre, elle parcourt près de cent kilomètres par heure.

5e ORDRE DES OISEAUX.

ECHASSIERS.

Les oiseaux de cet ordre sont remarquables par la longueur de leurs jambes, tellement démesurées qu'on les croirait montés sur des *échasses*. Ils vivent habituellement au bord des étangs et des fleuves, et dans les marais. Quelques-uns ne volent pas.

A cet ordre appartiennent les genres suivants :

L'*autruche*, un des plus grands oiseaux; elle ne vole pas, mais elle court plus vite que le meilleur cheval.

Le *casoar* ressemble beaucoup à l'autruche , et son agilité est encore plus grande.

L'*outarde* aussi vole peu et se sert de ses ailes pour accélérer sa course : le mâle est le plus gros des oiseaux de l'Europe.

Le *pluvier* et le *vanneau*, son compère, vivent par troupes et se montrent surtout pendant les pluies de l'automne, époque où ils se réunissent pour émigrer.

Le *pluvier doré*, qui vit sur les bords de la mer et à l'embouchure des fleuves; le *pluvier à collier*, qui a la tête variée de noir et de blanc, le bec jaune et noir.

Dans les principaux genres qui viennent ensuite sont :

Les *grues*, — les *cigognes*, — les *hérons*, — les *marabouts*, genre voisin des cigognes, qui, bien que fort laids, sont recherchés à cause des plumes qui se trouvent sous leurs ailes ; — les *spatules*, — les *bécasses*, — les *ibis*, — les *avocettes*, — les *râles* —et les *flammants*.

6ᵉ ORDRE DES OISEAUX.

PALMIPÈDES.

Ces oiseaux ont l'intervalle qui sépare les doigts garni d'une membrane qui les enveloppe jusque près de l'ongle, et les pieds disposés pour la natation, c'est-à-dire placés fort en arrière du corps.

Ce sont les seuls animaux de cette classe qui aient parfois le cou plus long que les jambes.

Un plumage serré, lustré, imbibé d'un corps huileux, les rend propres à séjourner longtemps dans l'eau sans en être incommodés.

Leur bec est ordinairement émoussé au bout, et leurs ailes robustes les rendent aptes à entreprendre des vols de longue haleine. Ils vivent principalement de poissons. Ils se divisent en quatre familles : les *plongeurs,* — les *oiseaux de mer,* — les *totipalmés* — et les *canards.*

1re Famille. — Plongeurs.

Ils se distinguent par des ailes excessivement courtes et des pattes insérées si
loin en arrière, qu'ils sont obligés, lorsqu'ils sont à terre, de se tenir dans une
position presque verticale. Ils ne volent
point ou volent fort peu, mais ils nagent
parfaitement, le corps enfoncé dans l'eau,
et se servent de leurs ailes presque comme
de nageoires.

On compte trois tribus dans cette famille :

1° Les *plongeons*, qui ne quittent jamais
les eaux qu'au moment de la ponte, et
qui alors marchent en s'aidant de leurs
ailes ; mais si un faux pas les fait tomber,
ils ont beaucoup de peine à se relever. Ces
oiseaux volent, mais rarement, et, lorsqu'ils sont effrayés, ils aiment mieux plon-
ger que de s'enfuir à tire-d'ailes ;

2° Les *manchots*, qui ne peuvent jamais
voler ; ils habitent surtout les régions po-
laires ;

3° Les *pingoins*, qui ne se distinguent

des précédents que par la forme de leur bec, extrêmement recourbé vers la pointe.

2ᵉ **Famille**. — **Oiseaux de mer**.

Ils ont les ailes longues et effilées, les muscles de la poitrine très-puissants, et les pieds largement palmés, ce qui leur permet de se reposer sur les vagues ; ils se nourrissent de poissons. On les rencontre à des distances inouïes de toute terre.

Les genres principaux de cette famille sont :

Les *pétrels*. Ce sont ceux qui se tiennent le plus constamment éloignés de la terre ; aussi, à l'approche d'une tempête, sont-ils obligés de se réfugier sur les écueils ou sur les vaisseaux, ce qui leur a valu, de la part des marins, le nom d'*oiseaux de tempête*.

Les *albatros*, les plus grands des oiseaux de mer. L'espèce la plus connue a le plumage blanc et les ailes noires.

Les *goëlands* et les *mouettes*, oiseaux criards, voraces et d'une avidité telle, qu'on les prend aisément avec un hameçon garni d'un petit poisson, ou d'un objet quelconque simulant une proie.

Les *hirondelles de mer*, à la queue fourchue comme celle des hirondelles de terre, .

Et les *becs-en-ciseaux*, remarquables par la forme singulière de leur bec, dont la mandibule inférieure est beaucoup plus longue que la supérieure.

3e Famille. — Totipalmés.

Ce nom leur vient de ce que leur pouce est réuni avec les autres doigts par une seule membrane, ce qui leur constitue un pied totalement palmé; et pourtant, chose bizarre, ce sont les seuls d'entre les palmipèdes qui se perchent sur des arbres. Tous sont d'ailleurs bons voiliers.

Voici les genres les plus importants de cette famille :

1° Les *pélicans*, remarquables par une poche formée sous leur bec par un repli de la peau, et qui leur sert à mettre en réserve le produit de leur pêche jusqu'à ce que l'appétit leur soit venu ;

2° Les *cormorans*, qui n'ont pas de poche ; cela seul les distingue des pélicans ;

3º Les *frégates,* qui volent avec tant de rapidité qu'elles ont reçu le nom du vaisseau le plus fin voilier de toute la marine ; leur plumage est noir. Elles abondent dans les climats chauds ;

4º Les *fous,* qui ressemblent beaucoup aux précédents, et ont été ainsi nommés à cause de la facilité avec laquelle les autres animaux se servent d'eux comme de jouet.

4ᵉ Famille. — Lamellirostres.

Les oiseaux de cette famille ont un bec épais, revêtu d'une peau molle, avec les bords garnis de lames ; leurs pieds sont tout à fait palmés.

Cette famille se divise en deux genres : les *canards* — et les *harles.*

Le genre canard se subdivise en sous-genres : les *macreuses,* les *garrots,* — les *sarcelles,*—les *cygnes,*—les *oies,* etc., etc.

Les *oies* paraissent être des cygnes dégénérés ; à l'état sauvage, elles vivent par troupes ; dans leurs migrations, qui offrent un des traits les plus intéressants de la vie des oiseaux, elles se rangent sur deux lignes en forme de V renversé.

Le *canard domestique* se distingue surtout par ses pieds orange et le beau plumage vert qui couvre la tête du mâle.

L'*eider* est une autre espèce de canard d'où nous vient le duvet connu sous le nom d'*édredon*.

Résumons nos observations sur les oiseaux :

1° Les RAPACES sont des oiseaux chasseurs.

2° Les GRIMPEURS n'ont besoin que d'être nommés pour être définis.

3° Les GALLINACÉS peuplent nos basses-cours, en attendant qu'ils figurent sur nos tables.

4° Les ÉCHASSIERS sont des oiseaux *coureurs* plutôt que *volants*.

5° Les PALMIPÈDES sont des oiseaux nageurs.

6° Les PASSEREAUX ne sont ni chasseurs, ni grimpeurs, ni coureurs, ni nageurs, mais sont, plus ou moins et à la fois, tout cela ; de plus, ce sont les oiseaux *chanteurs*.

TROISIÈME CLASSE DES VERTÉBRÉS.

REPTILES.

Les reptiles sont des animaux vertébrés *ovipares*, à *respiration pulmonaire* et à *sang froid*.

Ces animaux n'ont pas d'organe spécial pour le toucher, et leur peau ne présente jamais ni poils, comme chez les mammifères, ni plumes, comme chez les oiseaux. Cette peau est complétement nue, et le plus souvent couverte d'écailles.

Chez la plupart des reptiles, la peau se renouvelle plusieurs fois dans l'année, et souvent se détache tout d'une pièce, comme un sac dont l'animal sortirait.

Quatre grandes divisions naturelles se rencontrent dans cet ordre ; savoir :

1º Les *tortues*. . . .	Ordre des	CHÉLONIENS.
2º Les *lézards*.. . .	—	SAURIENS.
3º Les *serpents*. . .	—	OPHIDIENS.
4º Et les *grenouilles*.	—	BATRACIENS.

1er ORDRE DES REPTILES.

CHÉLONIENS OU TORTUES.

Ce qui distingue cet ordre au premier coup d'œil, c'est le *test*, ou sorte de cuirasse solide dans laquelle est enfermé le corps de l'animal ; ce test se compose de deux boucliers qui, unis sur les côtés, laissent en avant et en arrière deux larges ouvertures où passent à volonté la tête, les pattes et la queue de l'animal.

La partie supérieure du test porte le nom de *carapace* ; la partie inférieure se nomme *plastron*.

On distingue trois espèces de tortues, selon qu'elles habitent sur la terre, dans les fleuves ou dans les mers.

Les *tortues terrestres* ont les pattes conformées pour la marche et sont complétement herbivores.

Les *tortues d'eau douce* ressemblent beaucoup aux précédentes, si ce n'est que leurs doigts sont palmés et leur carapace plus aplatie. Quelques espèces de ce genre ont le plastron divisé en deux battants, qui s'ouvrent ou se ferment à la volonté de l'animal, ce qui leur a valu le nom de *tortues à boîte*. Elles sont *amphibies*.

Quant aux *tortues de mer*, elles sont essentiellement nageuses, et ont les pieds aplatis en forme de nageoires. La plupart atteignent une très-grande taille : il y en a qui acquièrent un poids de 2 à 300 kilogrammes.

Le *caret* est une espèce de tortue marine, d'où l'on tire cette substance brillante et dure qu'on nomme *écaille*.

2ᶜ ORDRE DES REPTILES.

SAURIENS OU LEZARDS.

On appelle *sauriens* tous les reptiles qui, par leur organisation, se rapprochent du lézard, dont le principal caractère est de posséder des côtes complètes et mobiles ; leur corps est pourvu de membres et recouvert d'une peau écailleuse ou parsemée de granules.

Les membres sont si courts, que le ventre de l'animal traîne toujours par terre ; les doigts sont terminés par des ongles, et le corps par une queue allongée.

Leur bouche est grande et toujours armée de dents ; mais cependant ils ne mâchent pas leurs aliments.

La plupart des sauriens sont terrestres, d'autres sont aquatiques ; le chaud les ranime et le froid les engourdit.

Cet ordre se subdivise en six familles : les *crocodiliens*, — les *iguaniens*, — les *lacertiens*, — les *geckotiens*, — les *caméléoniens* — et les *bipèdes*.

1ʳᵉ Famille. — Crocodiliens.

Cette famille comprend les *crocodiles* proprement dits, — les *caïmans* — et les *gavials*.

Le *crocodile* proprement dit habite l'Afrique ; il a le museau aplati. La couleur de son dos est un vert foncé tacheté de brun ; le dessous de son corps est plus pâle. C'est un reptile amphibie et très-vorace ; il nage avec une excessive rapidité, mais toujours en droite ligne ; il attaque l'homme et les plus grands animaux carnassiers, tels que le tigre.

Les *caïmans* se trouvent en Amérique.

Le caïman à museau de brochet, vulgairement nommé *alligator*, a vers le cou quatre plaques formées par ses écailles.

Ces reptiles se trouvent en grand nombre dans l'Amérique septentrionale, à l'embouchure du Mississipi.

Le *gavial*, troisième espèce de crocodile, habite l'Asie ; on le rencontre principalement sur les bords du Gange. Le gavial a le museau plus mince et plus allongé que les deux autres espèces de la même famille, et surmonté d'une sorte de proéminence cartilagineuse d'un volume assez considérable.

2ᵉ FAMILLE. — Iguaniens.

Ces reptiles seraient des lézards proprement dits si leur langue était extensible. Originaires d'Amérique et semblables pour la forme aux lacertiens, les *iguaniens* sont d'une taille beaucoup plus grande ; ils atteignent quelquefois une longueur de deux mètres, dont la queue forme plus de la moitié.

Ils grimpent sur les arbres avec une grande facilité, se nourrissent d'insectes, de feuilles, de fruits, et quelquefois ils cherchent dans les terres humides des vers et des limaçons.

Les *stellions*, — les *agames*, — les *dragons*, font partie de cette famille.

3e FAMILLE. — Lacertiens.

Cette famille, qui renferme un grand nombre de genres, a pour type le *lézard* proprement dit, distingué par une langue mince, susceptible de s'étendre, et terminée en deux filets. De petites écailles rondes, ressemblant à des granules, couvrent le dessus du corps de ce reptile, et il a le ventre garni de plaques larges. Il se plaît dans les endroits secs, au soleil, où il reste immobile des heures entières. Sa morsure n'est pas venimeuse. Sa queue se casse avec une grande facilité.

Les espèces les plus remarquables sont : le *lézard gris*, — le *lézard vert piqueté*, — et surtout le grand *lézard vert ocellé*, le plus beau de tous.

4e Famille. — Geckotiens.

Ce sont des lézards nocturnes, à la tête large et aplatie, aux yeux saillants. Leurs mâchoires n'ont qu'une rangée de dents ; leur langue n'est pas extensible ; leurs doigts, au nombre de cinq à chacune de leurs quatre pattes, sont libres, dilatés à l'extrémité et plissés en dessous comme un éventail ; ils ont des ongles crochus, rétractiles. Habitant les lieux humides et sombres, ils sont communs dans le midi de l'Europe, en Egypte, en Barbarie, dans l'Inde, en Arabie. Leur voix ressemble au coassement d'une grenouille ; leurs yeux ont une prunelle mobile comme celle des chats ; ils se nourrissent d'insectes.

5e Famille. — Caméléoniens.

Les individus de cette famille sont célèbres par la faculté singulière qu'ils ont de changer de couleur.

On a longtemps pensé que ce changement était toujours en rapport avec les objets qui environnent le caméléon, et qu'il se dérobait ainsi aux regards et à la poursuite de ses ennemis. L'observation a démontré l'inexactitude de cette assertion: on croit aujourd'hui que ces variations sont dues à celles de l'atmosphère ou aux passions qui agitent l'animal.

Le caméléon habite les contrées les plus chaudes de l'Asie et de l'Afrique.

Outre la faculté dont nous venons de parler, ce reptile a une queue *prenante*; ses doigts sont disposés deux en avant et deux en arrière, ce qui, on l'a vu, est le signe constitutif des animaux grimpeurs.

6e Famille. — Bipèdes.

Cette famille comprend des reptiles de

forme cylindrique et dont le corps est tellement allongé qu'on les prendrait pour des serpents, s'ils n'avaient deux espèces de pieds fort petits à la place des membres postérieurs. Les genres principaux sont : les *scinques* et les *seps*.

La transition des *sauriens* aux *ophidiens* se fait, par ce dernier genre, d'une manière presque insensible.

3ᵉ ORDRE DES REPTILES.

OPHIDIENS OU SERPENTS.

Un corps très-allongé et complétement dépourvu de membres, voilà les serpents.

Ces animaux ne se meuvent qu'au moyen de replis que leur corps fait sur le sol, et ressemblent aux lézards pour le reste de leur organisation.

Le nombre des vertèbres et des côtes de ces reptiles est en général très-considérable; dans certaines espèces, on compte jusqu'à 112 vertèbres et 220 côtes.

L'ordre des *ophidiens* se divise en deux familles : les *serpents doubles marcheurs,* dont la colonne vertébrale est organisée de façon que le corps de l'animal puisse indistinctement se porter en avant ou en arrière, — et les *serpents ordinaires.*

Les serpents ordinaires se subdivisent en deux tribus : *serpents venimeux;* — *serpents non venimeux.*

1re Tribu. — Serpents venimeux.

Les *serpents venimeux* se reconnaissent aux dents de la mâchoire supérieure, qui sont creusées d'un canal ou conduit, aboutissant à deux glandes particulières que l'animal porte de chaque côté de la tête, et qui sécrètent le venin.

Les dents qui servent à introduire le venin dans la morsure sont plus longues que les autres, et repliées en arrière; de plus, elles sont mobiles, et lorsque l'animal veut s'en servir il les redresse; ce qui a fait donner à ces dents le nom de *crochets mobiles.*

Le venin des serpents n'agit que lorsqu'il est mêlé au sang, de telle sorte qu'on pourrait l'avaler sans aucun danger : c'est ce qui explique pourquoi ce poison violent peut couler dans la bouche de l'animal sans l'incommoder; tandis que si, par maladresse il se mord lui-même, il périt avec la même rapidité que ses victimes ordinaires.

Les serpents venimeux sont *ovo-vivipares*.

Les genres les plus remarquables de cette première tribu sont :

Les *crotales*, vulgairement appelés *serpents à sonnettes*, à cause du bruissement que produisent des espèces d'appendices creux disposés, comme autant de petits grelots, à l'extrémité de leur queue. Ces cornets écailleux se heurtent lorsque l'animal se remue, et résonnent fortement. Leur venin est excessivement puissant et fait mourir en quelques secondes le plus gros animal.

Les *vipères*, qui ont les écailles de la tête petites et granulées, et sur le dos une double rangée de taches transversales noirâtres. Leur longueur dépasse rarement 40 centimètres. Ce sont les seuls serpents venimeux qui habitent nos contrées.

Elles passent l'hiver et une partie du printemps engourdies dans des trous. Leurs crochets recèlent un poison bien moins redoutable que celui des crotales.

Les *naïas*, genre auquel appartiennent les *aspics*, petits serpents noirs très-venimeux. Le *serpent* nommé *serpent à lunettes,* à cause du disque noir qui entoure ses yeux, est aussi une espèce du genre *naïa.*

2e Tribu. — Serpents non venimeux.

Les *serpents non venimeux* sont distingués par l'absence des crochets mobiles et par la forme de leur tête, qui est plus allongée que celle des serpents venimeux, parce que la *poche à poison* n'existe pas de chaque côté.

Les principaux genres de cette deuxième tribu des ophidiens sont :

Les *couleuvres,* qui habitent nos contrées ; outre l'absence des crochets mobiles, elles se distinguent des vipères par les écailles de la tête qui sont larges, lisses et non granulées. Des taches noires le long des flancs, trois taches blanches autour du cou, et le corps cendré : tels sont les signes les plus apparents qui servent à reconnaître les couleuvres.

Les *pythons* sont des espèces de couleuvres dont la taille égale presque celle des *boas*.

La *couleuvre noire*, qui atteint jusqu'à deux mètres et demi de longueur, se trouve dans l'Amérique du Nord.

Les *boas*, parmi lesquels se trouvent les plus grands serpents, ont le dessous de la queue garni d'une seule bande d'écailles transversales, le corps comprimé et un croc au-dessus de la queue, qui est *prenante*. Certains de ces animaux atteignent une longueur de quinze à vingt mètres.

Leurs mâchoires et leur gosier se dilatent énormément, et leur permettent d'avaler, par une espèce de succion lente, des chiens, des cerfs et même des bœufs, après les avoir étouffés et comme triturés. Pendant la digestion fort longue de cette masse d'aliments pris à la fois, ils restent engourdis. On trouve les *boas* en Amérique et dans les Indes.

Ce qu'on dit de la propriété que possèdent les serpents de *fasciner* les petits animaux dont ils se nourrissent, au point non-seulement de les empêcher de fuir, mais encore de les forcer à se précipiter dans leur gueule, n'est pas précisément une fable : la frayeur qu'ils inspirent terrifie leurs victimes et les rend incapables de fuir.

4ᵉ ORDRE DES REPTILES.

BATRACIENS OU GRENOUILLES.

Tous les animaux qui, par leur organisation, se rapprochent de la forme bien connue des grenouilles, doivent être classés dans cet ordre.

Nous sommes arrivés au point où les animaux à respiration pulmonaire commencent à disparaître pour faire place à ceux qui respirent dans l'eau, c'est-à-dire par des branchies au lieu de poumons.

Pendant les premiers jours qui suivent leur naissance, les individus de cet ordre sont appelés *têtards* et sont de véritables *poissons;* ils se transforment ensuite et passent à l'état de *reptiles.*

Les *grenouilles* ont le ventre effilé, les pieds de derrière très-allongés et palmés ; elles font de très-grands sauts, et vivent dans l'eau ou dans les prairies humides; leur peau est lisse et verdâtre.

Les *raines* sont des espèces de petites grenouilles d'un vert clair et très-vif ; elles se distinguent des grenouilles par des palettes visqueuses qu'elles ont à l'extrémité de chaque doigt.

Le *crapaud* diffère de la grenouille et de la raine par sa peau qui est plus sombre et couverte de verrues ; sa chair n'est pas bonne à manger, mais ce qu'on dit de sa morsure et de sa salive prétendues venimeuses n'est pas avéré. Plusieurs espèces de cette famille deviennent très-grosses.

Les *salamandres*, ou grenouilles à queue, se reconnaissent par la présence de cet appendice et la conformation de leurs pattes qui n'ont que trois doigts et point d'ongles. Quand on les touche, elles se couvrent aussitôt d'une liqueur laiteuse qui peut les défendre pendant quelques instants de l'effet d'un feu médiocre : de là la fable qui prétend que les salamandres peuvent vivre dans les flammes.

Les *tritons* ont la queue aplatie horizontalement, ils ne vivent que dans l'eau; du reste, ils ressemblent beaucoup aux salamandres.

QUATRIÈME CLASSE DES VERTÉBRÉS.

POISSONS.

Ce qui distingue les animaux de cette classe, c'est leur mode de respiration qui s'opère par des *branchies* au lieu de poumons.

Les branchies sont des lames membraneuses qui ont la propriété de séparer l'oxygène tenu en dissolution dans l'eau où ces animaux vivent continuellement, ce qui leur permet de respirer même au fond des eaux sans avoir besoin de remonter à la surface pour remplir cette fonction.

Les branchies sont le plus souvent appliquées les unes contre les autres comme les dents d'un peigne ; plus rarement, ces organes ont la forme de houppes rondes ou arrondies.

Les branchies sont toujours recouvertes par l'*opercule*, espèce de lame osseuse placée de chaque côté de la tête et appelée vulgairement *oreille du poisson*.

La forme des poissons varie beaucoup ; mais généralement, ou plutôt absolument, ce qui distingue les poissons, c'est l'absence totale d'un *cou :* d'où résulte l'immobilité de la tête. Les membres des poissons sont remplacés par des *nageoires*. Les nageoires qui occupent la place des membres antérieurs sont appelées *nageoires pectorales;* celles qui répondent aux membres postérieurs sont les *nageoires abdominales*. Si ces dernières disparaissent, le poisson est alors appelé *apode*, ou sans pieds.

Indépendamment de ces quatre nageoires principales, les poissons en possèdent encore deux autres : la *nageoire dorsale* sur le dos, et la *nageoire anale* au-dessous de la queue. Enfin, la queue de tous les poissons forme une dernière nageoire placée toujours *verticalement;* nous avons vu que c'est à ce signe extérieur qu'on distingue un poisson d'un cétacé, chez qui la nageoire caudale est toujours *horizontale.*

Le corps des poissons est parfois *nu,* mais le plus souvent couvert d'écailles luisantes.

Les poissons sont des animaux *vertébrés* à *sang froid, ovipares* et à *respiration branchiale.*

Leur squelette intérieur est tantôt *osseux,* tantôt *cartilagineux.*

De là deux grandes divisions :

1° Les *poissons osseux ;* — 2° les *poissons cartilagineux.*

Ces deux divisions comprennent les quinze cents espèces de poissons connues, et se subdivisent en neuf ordres, dont six sont rangés dans le groupe des poissons osseux, et trois dans celui des poissons cartilagineux.

1er ORDRE DES POISSONS OSSEUX.

POISSONS ACANTHOPTÉRYGIENS

OU ÉPINEUX.

La nageoire dorsale des poissons acanthoptérygiens est munie de rayons épineux ; quelques-uns de ces rayons existent aussi à la nageoire anale, et il y en a un à chaque nageoire abdominale.

Seize familles composent cet ordre.

Les plus remarquables sont :

Les *perches*, un des plus beaux et des meilleurs poissons d'eau douce ; elles sont très-voraces.

Les *bars*, poissons de mer très-semblables aux perches ; sur nos côtes on les appelle vulgairement *loups de mer*.

Les *rougets*, dont le corps et la queue sont rouges, même après qu'ils ont été dépouillés de leurs écailles. Leur chair est très-estimée ; on les trouve en abondance dans la Méditerranée.

Les *hirondelles de mer*, nommées vulgairement *poissons volants*, à cause de la faculté de pouvoir s'élever dans les airs, qu'ils doivent au grand développement de leurs nageoires pectorales.

Les *maquereaux*, qui se distinguent par les belles couleurs bleue, noire et verte de leur dos. Leurs écailles sont si petites et si lisses qu'ils en paraissent dépourvus.

Les *thons*, gros poissons à peau noire, dont la chair est très-estimée. Ils abondent dans la Méditerranée, et les Provençaux les pêchent au moyen de la *madrague*, espèce de labyrinthe construit avec des filets divisés en une multitude de chambres communiquant les unes avec les autres.

Les *espadons*, que distingue la longue pointe qui termine leur mâchoire supérieure, et avec laquelle ils attaquent et tuent les plus grands animaux marins.

2e ORDRE DES POISSONS OSSEUX.

MALACOPTERYGIENS ABDOMINAUX.

Toutes les nageoires de ces poissons sont soutenues par des rayons mous et cartilagineux ; les nageoires abdominales sont placées tout près de la queue.

Cinq familles se partagent les poissons de cet ordre, parmi lesquels on distingue :

Le *saumon*, dont la chair est rouge, le corps aplati et allongé ; il vit par troupes dans les mers glaciales et remonte les grands fleuves.

Les *harengs*, qui vivent par troupes innombrables et descendent tous les ans des mers du Nord sur les côtes de France et de Hollande, où on les pêche en grande quantité.

Les *aloses*, qui sont à la fois des poissons de mer et des poissons d'eau douce.

L'*anchois*, qui diffère du hareng par sa bouche fendue jusque derrière les yeux ; sa taille est d'ailleurs plus petite.

Viennent ensuite les *truites*, — les *do-*

rades, — les *brochets*, — les *barbeaux*, — les *goujons*, — les *tanches*, — les *brêmes*, — les *ables*, — les *carpes*, poissons d'eau douce; — et les *sardines*, — les *éperlans*, — les *silures*, etc., etc., poissons de mer.

3e ORDRE DES POISSONS OSSEUX.

MALACOPTÉRYGIENS SUBBRACHIENS

OU PECTORAUX.

Les nageoires abdominales des subbrachiens sont placées tout près des nageoires pectorales.

On range dans cet ordre les genres suivants :

Les *morues*, dont la pêche est une des branches les plus importantes de l'industrie maritime. Au banc de Terre-Neuvé, notamment, un seul homme, muni de deux lignes, peut en prendre jusqu'à quatre cents dans une journée. Ce poisson se distingue par trois nageoires *dorsales*, deux *anales*, et un barbillon au bout du museau.

Les *merlans*, qui diffèrent des morues par l'absence des barbillons.

Les *lottes*, qui ont un barbillon comme les morues, mais n'ont que deux nageoires dorsales.

Viennent ensuite les *poissons plats* (à corps aplati horizontalement).

Les *plies*, — les *turbots*, — les *soles*, — les *barbues*, etc., appartiennent à cette famille. La chair de ces poissons est très-estimée.

4ᵉ ORDRE DES POISSONS OSSEUX.

MALACOPTERYGIENS APODES.

Nous avons déjà fait observer que les poissons de cet ordre sont ainsi nommés parce qu'ils manquent des nageoires abdominales, qui sont considérées comme étant les pieds du poisson.

Les genres les plus importants sont les *anguilles,* — les *murènes* — et les *gymnotes.*

Tout le monde connaît les premières, parmi lesquelles se place le *congre,* ou *anguille de mer;* — les *gymnotes* sont remarquables par la faculté qu'elles possèdent de donner à ceux qui les touchent des commotions électriques quelquefois assez fortes pour engourdir et même renverser un homme ou un cheval.

5ᵉ ORDRE DES POISSONS OSSEUX.

LES LOPHOBRANCHES.

Les poissons de cet ordre se distinguent des autres par la forme de leurs branchies qui, au lieu d'être rangées en forme de peigne, sont disposées en petites houppes arrondies. L'*opercule* est attaché de toutes parts et ne laisse qu'un petit trou pour la sortie de l'eau.

Le corps est naturellement comprimé et beaucoup plus haut que la queue. La taille est petite.

C'est dans cet ordre qu'on trouve le *syngnathe* — et l'*hippocampe* ou *cheval marin*.

6e ORDRE DES POISSONS OSSEUX.

PLECTOGNATHES.

La mâchoire supérieure, au lieu d'être mobile comme chez tous les poissons que nous venons de nommer, est soudée au crâne comme chez les oiseaux et les mammifères. Une peau épaisse couvre l'*opercule*. Les nageoires abdominales manquent. Les dents sont réunies de manière à ne former qu'une seule dent en haut et en bas.

Les *diodons* ou *arbres épineux* — et les *caffres* sont les espèces les plus remarquables de cet ordre.

Ces derniers ont, au lieu d'écailles, une

espèce de cuirasse osseuse à compartiments réguliers.

1ᵉʳ ORDRE DES POISSONS CARTILAGINEUX.

STURONIENS.

Nous voici dans le groupe des poissons cartilagineux. Leur squelette est mince et membraneux ; les branchies sont libres et recouvertes d'un opercule mobile.

Les *esturgeons* forment le genre principal de cet ordre. Leur corps est allongé et garni d'écussons osseux, rangés longitudinalement sur la peau. Leur bouche, placée sous le museau, est petite et n'a pas de dents.

2ᵉ ORDRE DES POISSONS CARTILAGINEUX.

SELACIENS.

Cet ordre est caractérisé par les branchies fixes et adhérentes à la peau qui les recouvre, des mâchoires mobiles et armées de dents souvent très-fortes.

Le *requin* se distingue par son museau proéminent et aplati, par sa queue fourchue, dont le lobe supérieur est bien plus grand que le lobe inférieur, et surtout par un effroyable râtelier à plusieurs rangs de dents fortes, aiguës et tranchantes. Sa cruauté et sa voracité sont proverbiales.

La *roussette*, ou *chien de mer*, est, comme le précédent, un poisson de la famille des *squales*.

Les *scies* sont remarquables par leur long museau que termine une espèce d'épée dentelée, d'où leur vient ce nom. Cet appendice, osseux et pointu, est une arme fort redoutable.

Les *raies* sont faciles à reconnaître à leur corps en forme de disque et aplati horizontalement.

Les *torpilles* peuvent, à l'aide d'un appareil placé de chaque côté de la tête, produire de très-fortes décharges électriques.

3ᵉ ORDRE DES POISSONS CARTILAGINEUX.

SUCEURS.

La bouche de ces poissons, en forme d'anneau , leur permet de sucer les aliments dont ils se nourrissent, au lieu de les avaler comme font les autres animaux de la même classe : c'est le dernier ordre des vertébrés ; celui, par conséquent, qui, par l'imperfection de son système vertébral, forme naturellement le point de transition des animaux vertébrés aux animaux invertébrés.

Les *lamproies* et les *myxines* en sont les principaux genres.

Leur langue agit comme le piston d'une pompe et leur permet de s'attacher soit aux rochers, soit aux autres poissons.

DEUXIÈME EMBRANCHEMENT.

ANIMAUX INVERTEBRÉS.

—

CARACTÈRES GÉNÉRAUX DES INVERTÉBRÉS.

Les caractères communs à tous les animaux invertébrés consistent, comme nous l'avons dit, dans l'absence d'un squelette intérieur, et par conséquent de colonne vertébrale.

Leur sang n'est pas rouge comme celui de tous les vertébrés : ordinairement il est incolore ; quelques *vers* font cependant exception.

Le nombre d'espèces d'animaux comprises dans cet embranchement est immense, et elles diffèrent entre elles par certains points de leur organisation générale. Ces modifications les font distinguer en trois groupes :

1° LES MOLLUSQUES ;
2° LES ANIMAUX ARTICULÉS ;
3° LES ANIMAUX RAYONNÉS OU ZOOPHYTES.

1ᵉʳ GROUPE DES INVERTÉBRÉS.

MOLLUSQUES.

Les mollusques sont les invertébrés les plus parfaits, et ceux qui se rapprochent le plus des poissons. Pour la plupart, ils sont destinés à vivre dans l'eau et respirent au moyen de branchies ; ceux qui doivent vivre sur terre sont pourvus d'un poumon sacciforme ou plutôt d'un *sac pulmonaire*. Tous ont le corps enveloppé d'une membrane charnue plus ou moins épaisse, qui s'appelle *manteau*.

Le manteau est ordinairement recouvert lui-même d'un *test* ou *coquille* calcaire ;

plus rarement il est nu. Dans le premier cas, le mollusque est appelé *coquillage* ou mieux *testacé;* dans le second cas, on l'a nommé *mollusque nu.*

On divise d'abord les mollusques en *mollusques céphalés* ou *à tête,* et en *mollusques sans tête* ou *acéphalés,* selon qu'ils ont ou non une tête distincte.

Les mollusques à tête se subdivisent en *céphalés nus* et en *céphalés conchylifères* ou *à coquilles*.

1º MOLLUSQUES CÉPHALÉS NUS.

Leur tête est entourée de longs *tentacules* charnus au nombre de huit ou de dix, qui leur servent à la fois de doigts, de main et de pied, c'est-à-dire d'organes de tact, de préhension et de mouvement. Leur corps a le plus souvent la forme d'un sac.

Ce sont les *poulpes,* — les *argonautes,* — les *seiches* — et les *calmars*.

D'autres fois, ils rampent à l'aide d'un disque musculeux placé sous le ventre; exemple, la *limace*.

2° MOLLUSQUES CÉPHALÉS A COQUILLE.

Les coquillages ou testacés à tête distincte sont tous *univalves*, c'est-à-dire que leur coquille est d'une seule pièce.

Mais la forme de cette coquille est excessivement variée : ainsi nous la trouvons ronde et épineuse dans la *patelle*, conique dans l'*amiral*, cylindrique dans les *porcelaines*, à deux pointes dans la *mitre*, bombée dans les *casques*, en spirale dans le *limaçon*, à plusieurs cloisons dans l'*ammonite*, en épée dans le *murex*, en cornet dans l'*arrosoir*, etc., etc.

La *Conchyliologie*, cette innocente et aimable étude, est plus que suffisante pour occuper la vie d'un homme.

3° MOLLUSQUES ACÉPHALÉS.

Les MOLLUSQUES ACÉPHALÉS ou sans tête distincte n'ont point d'organe de la vue, et leur test ou coquille est toujours de deux pièces au moins : tels sont les *huîtres*, — les *moules*, — les *peignes*, — les *tarets ;* ces derniers sont extrêmement nuisibles au bois des navires, qu'ils percent peu à peu quand ils s'y attachent.

2ᵉ GROUPE DES INVERTÉBRÉS.

ANIMAUX ARTICULÉS.

On appelle ainsi les animaux de ce groupe, parce que leur corps et leurs membres sont entourés d'anneaux placés à la suite les uns des autres, et articulés entre eux.

Ces anneaux, ordinairement plus durs que le reste du corps, deviennent quelquefois assez consistants pour former une sorte de squelette extérieur, dans lequel, comme dans un étui, sont renfermées toutes les parties molles du corps de l'animal.

Les animaux articulés présentent quatre classes bien distinctes :

1° Les *crustacés* ; — 2° les *annélides* ; — 3° les *insectes* ; — 4° les *araignées*.

1ʳᵉ CLASSE DES ANIMAUX ARTICULÉS.

CRUSTACÉS.

Ce nom leur vient de l'espèce de croûte pierreuse qui recouvre leur corps, et qu'il ne faut pas confondre avec la coquille des testacés ; car ici la croûte est véritablement la peau de l'animal et est *articulée,* tandis que les valves de la coquille ne sont qu'une enveloppe insensible et inanimée.

Le squelette extérieur formé par cette croute se détache et tombe tous les ans, comme nous avons vu que la peau des reptiles se sépare de leur corps.

Les pattes, qui sont ordinairement au nombre de cinq ou six paires chez les crustacés, ne servent pas seulement à la marche ou à la nage ; en général, une espèce de pince relativement très-puissante, à l'aide de laquelle l'animal saisit sa proie, termine les pattes de devant.

Leur tête est pourvue en avant de petits appendices grêles et filiformes, que nous trouverons aussi chez presque tous les animaux articulés et qu'on nomme *antennes :* on croit que ce sont les organes du *toucher*.

La plupart de ces animaux sont carnassiers ; quelques-uns vivent en parasites sur d'autres animaux dont ils sucent le sang, à l'aide d'une espèce de trompe particulière aussi aux animaux articulés.

Leur bouche est armée de six paires de mâchoires.

Leur respiration est branchiale.

Les crustacés les plus remarquables sont :

Les *crabes,* qui, d'après les dispositions de leurs pattes, ne peuvent marcher aisément que de travers, bien qu'ils puissent cependant se diriger dans tous les sens,

Et les *écrevisses,* dont la plupart des espèces se distinguent par leur bec aigu et par leurs paires de pinces.

Les principales espèces de ce genre sont : le *homard,*—la *langouste,* — le *palémon,* — la *crevette,* — les *pagures.*

La peau des crustacés, verdâtre quand ils sont vivants, devient d'un rouge vif après la cuisson.

2° CLASSE DES ANIMAUX ARTICULÉS.

ANNÉLIDES.

Cette classe renferme les *vers*, dont le caractère principal est un sang rouge et l'absence compléte de membres *articulés* ; car on ne peut donner ce nom aux petites *pattes* armées de soies roides et mobiles, espèces de tubercules charnus qui existent quelquefois à chaque anneau de quelques *vers*.

Le ver est donc généralement et absolument un animal *nu à sang rouge,* ce qui le distingue de tous les autres articulés.

Les vers vivent ordinairement dans l'eau et respirent au moyen de branchies ; pour ceux qui vivent sur terre, la respiration a lieu par des *trachées,* espèces de vaisseaux aériens. Quand l'animal manque d'organes spéciaux, la respiration est *cutanée,* c'est-à-dire qu'elle se fait à travers la peau.

Les *vers de terre,* si communs dans nos

jardins, et la *sangsue,* sont dans ce dernier cas.

Les vers de terre ont la faculté de se multiplier par la simple division de leur corps.

3ᵉ CLASSE DES ANIMAUX ARTICULÉS.

INSECTES.

Nous sommes arrivés à une des classes les plus intéressantes du règne animal.

Conformés ordinairement pour le vol, les insectes, outre les ailes dont nous parlerons tout à l'heure, sont pourvus de pieds articulés au nombre de six, et de deux antennes. Leur corps se compose de trois parties bien distinctes : la *tête,* — le *thorax* — et *l'abdomen.* Ce corps est renfermé dans une peau tantôt dure et tantôt souple, qui forme une série plus ou moins considérable d'anneaux, et remplit les fonctions de squelette extérieur.

La *tête* n'est pas subdivisée en anneaux, et porte deux *yeux*, une *bouche* et deux *antennes* dont la forme varie beaucoup.

Le *thorax*, ou partie moyenne du corps, s'appelle aussi *corselet*. Il se compose d'anneaux portant chacun une paire de pattes.

L'*abdomen* est distinct du corselet et ne porte pas de membres. Cependant, chez les insectes qui n'ont pas d'ailes et qui sont munis d'une grande quantité de pattes, le ventre se confond avec le *thorax* et porte comme lui des membres.

Les ailes sont en général des membranes formées de deux feuilles superposées, minces, et réunies entre elles par des lignes cornées nommées *nervures*. Ces ailes sont tantôt transparentes (comme chez les *mouches*), tantôt cornées et opaques (comme chez les *scarabées*); d'autres fois, elles sont couvertes d'une poussière diversement colorée (comme chez les *papillons*).

La bouche varie considérablement dans sa forme et son organisation : chez les uns, comme la *jardinière*, elle est propre à déchirer les aliments ; chez d'autres, elle a la forme d'un aiguillon ; chez d'autres enfin, elle est roulée en spirale et constitue une véritable trompe : exemple, les *papillons*.

Les insectes respirent par des *trachées*. Ce sont de petits tubes placés dans l'intérieur du corps et répandus dans tous les organes; ils s'ouvrent à l'extérieur par deux fentes, appelées *stigmates*, situées à droite et à gauche du corselet.

Lorsque l'insecte sort de l'œuf, il a rarement la forme qu'il doit conserver. Il subit au contraire diverses *métamorphoses: larve* quand il sort de l'œuf, il devient *nymphe*, puis *papillon*.

Mais ces règles ne sont pas générales; aussi on divise ces changements en *métamorphoses ébauchées,* — *demi-métamorphoses* — et *métamorphoses complètes*.

Les animaux appartenant à la première catégorie acquièrent un plus grand nombre de pattes, mais restent toujours privés d'ailes; ces pattes s'élèvent au nombre de 24 paires au moins, et souvent plus; exemple, les *myriapodes*.

Chez les insectes à demi-métamorphoses, la larve en naissant ne diffère de ce qu'elle doit être qu'en ce qu'elle est privée d'ailes.

Enfin, les papillons comprennent les insectes à métamorphose complète. La larve est appelée *chenille* et a des pattes à chaque anneau; mais ces pattes ne sont que provisoires : la chenille, à l'état de *nymphe*, ne les possède plus. Avant de se transformer en nymphe, la chenille ou larve se prépare un abri et se retire dans une coque qu'elle fabrique elle-même : c'est le *cocon* d'où elle sort *papillon*.

Le nombre des insectes est immense, puisqu'il dépasse le chiffre énorme de 60,000 espèces ; pour les étudier, il a fallu établir de nombreuses divisions et subdivisions. L'absence ou la présence des ailes a fait diviser les insectes en trois groupes : — les insectes *tétraptères*, — les insectes *diptères* — et les insectes *aptères*.

Ces trois groupes se divisent eux-mêmes en douze ordres indiqués dans le tableau ci-dessous :

1° **Tétraptères**. .	Coléoptères. Hémiptères. Orthoptères. Hyménoptères. Névroptères. Lépidoptères.
2° **Diptères** . . .	Rhipiptères. Diptères.
3° **Aptères**. . . .	Thysanoures. Cystaptères. Parasites. Suceurs.

Nous allons décrire quelques-unes des plus remarquables familles de la grande classe des insectes, et en particulier l'ordre des coléoptères, qui offre le plus d'intérêt.

1er ORDRE DES TÉTRAPTÈRES.

COLÉOPTÈRES.

Ce nom signifie *ailes à étui ;* et en effet, tous les insectes coléoptères ont des ailes supérieures dures et coriaces, sous lesquelles les véritables ailes sont renfermées comme dans un étui. Ces ailes dures se nomment *élytres* et servent aussi à l'insecte pour voler, puisque quelques coléoptères n'ont pas d'ailes sous les *élytres.*

Les insectes coléoptères se divisent en quatre sections : celle des *pentamères* qui se subdivise en huit familles ; celle des *hétéromères,* en quatre familles ; celle des *tétramères,* en sept familles, et celle des *trimères* en trois familles.

1ʳᵉ Section. — Coléoptères pentamères.

1º FAMILLE DES CARNASSIERS.

Ces coléoptères font la chasse aux autres insectes, et sont très-voraces à l'état de larves aussi bien qu'après leur métamorphose. Les uns sont terrestres, les autres aquatiques. Parmi ceux qui habitent la terre, les mieux organisés pour la guerre et pour la course sont les *cicindèles*, que Linné appelle de petits tigres ailés, à cause de la férocité de leurs mœurs. Ce genre d'insectes renferme des espèces très-nombreuses, et dont la plupart sont exotiques.

Nous citerons :

La *cicindèle hybride*, qui a près de deux centimètres de longueur ; ses élytres sont cuivreuses, avec une bande blanche et deux taches de la même couleur en croissant. Ses larves vivent dans la terre, où elles se creusent des trous cylindriques de 40 à 50 centimètres de profondeur.

Le *carabe*, qui diffère peu des cicindèles. Quelques individus de ce genre n'ont que des élytres et sont privés d'ailes membraneuses. Le *carabe bleu* est de ce nombre. Le *carabe doré* a des élytres d'un vert doré, avec une bordure d'un brun cuivreux; on le nomme vulgairement le *jardinier*, parce qu'il habite les jardins et qu'il détruit beaucoup d'insectes.

Le *carabe pétard*, ainsi nommé à cause du bruit qu'il fait entendre quand il est attaqué; il projette alors une liqueur corrosive. Cette espèce habite les Pyrénées-Orientales et le midi de l'Europe. Les ennemis des carabes sont les oiseaux insectivores, et même leurs congénères de grande taille.

Le *carabe pistolet*, long d'un centimètre. On le trouve aux environs de Paris. En soulevant une pierre posée sur le gazon, il est rare qu'on ne trouve pas une famille de *pistolets*, qui à l'instant même font entendre la fusillade à l'aide de laquelle ils espèrent conjurer le danger.

Le *scarite géant*, insecte long d'environ trois centimètres; son corps est noir, luisant, aplati; ses élytres sont lisses, ses mandibules grandes et creusées d'un sillon.

Il vit dans les régions sablonneuses des

pays chauds, et se creuse des demeures souterraines.

Le *gyrin nageur*, insecte aquatique long de cinq millimètres, ovale, luisant, noir en dessous, avec les pattes fauves. Les gyrins vivent en troupe à la surface des eaux dormantes, où ils nagent avec agilité, en faisant dans tous les sens des pirouettes, des tours et des détours. Ces allures leur ont valu le nom de *puces aquatiques* ou *tourniquets*.

2° FAMILLE DES BRACHÉLYTRES.

Les brachélytres, dont le nom signifie *étui court*, ont, en effet, des élytres qui ne recouvrent pas l'abdomen; celui-ci se confond avec le corselet et porte, vers son extrémité, deux vésicules coniques et velues d'où s'échappe une liqueur subtile et odorante. Ces insectes habitent, pour la plupart, sous les pierres, dans la terre et le fumier; d'autres vivent dans les champignons, les plaies des arbres, les plantes aquatiques. On en rencontre de très-petits sur les fleurs.

Le *staphylin bourdon* est la plus belle et l'une des plus nombreuses espèces de brachélytres. Il est long de deux centimètres, noir, très-velu, avec le dessus de la tête, du corselet et les derniers anneaux de l'abdomen d'un jaune doré et lustré; ses élytres sont d'un gris cendré, avec la base noire; le dessus de son corps est d'un noir bleuâtre.

Le *staphylin odorant* se rencontre partout, sous les pierres; les deux vésicules de son abdomen répandent une odeur agréable, qui rappelle celle des pommes de reinette. Dans quelques pays, les enfants le nomment le *Diable*, à cause de sa couleur noire et de ses larges mandibules, qui ressemblent à des cornes.

Cet insecte relève l'extrémité du ventre quand on le touche, cependant il ne pique pas, mais il mord avec ses fortes mâchoires; il se nourrit de larves, de petits insectes et même de ses congénères.

3º FAMILLE DES STERNOXES.

Chez les coléoptères de cette tribu, les élytres recouvrent l'abdomen; les antennes sont dentées en scie ou en peigne; la tête est engagée verticalement jusqu'aux yeux dans le corselet; les pieds se ramassent promptement sous le corps, qui est de forme ovale.

Nommons seulement le *bupreste,* dont le genre comprend trois ou quatre variétés de sternoxes; ces insectes sont connus vulgairement sous le nom de *richard,* qu'ils doivent à la beauté de leurs élytres, où brillent les plus vives couleurs. Le bupreste marche lentement, mais son vol est rapide. Quand on le saisit, il fait le mort et se laisse tomber par terre. Il dépose ses œufs dans le bois sec. Les espèces de petite taille habitent les fleurs et les feuilles.

4° FAMILLE DES MALACODERMES.

Cette famille comprend cinq grands genres : les *cébrions,* — les *lampyres,* — les *mélyres,* — les *clairons* — et les *ptines.*

Les *cébrions* sont très-communs dans le midi de la France, où on les trouve en quantité après les pluies d'orage.

Le *lampyre splendide*, vulgairement nommée *ver luisant*, possède la propriété phosphorescente dont jouissent aussi plusieurs espèces de la même tribu.

Les *clairons* ont les mandibules dentées, les antennes tantôt presque filiformes, tantôt terminées en massue. Ils vivent, pour la plupart, sur le tronc des vieux arbres ou sur le bois sec.

Le *clairon des abeilles* est une espèce ornée de couleurs brillantes. La larve de cet insecte, dont les mœurs sont très-pacifiques, est au contraire vorace et carnassière. Elle fait une guerre impitoyable aux ruches de nos abeilles domestiques, dont elle dévore les larves.

Les *mélyres* vivent sur les feuilles et sur les fleurs; ils ont des couleurs vives et agréables, et ressemblent beaucoup aux *cantharides*.

Les *ptines* sont de très-petits insectes, qui causent de grands dégâts dans les planchers, les meubles, les livres, les herbiers et les collections zoologiques; ce sont eux qui font entendre la nuit, dans les appartements, le bruit singulier que l'on a comparé au battement d'une montre, et que le peuple a nommé l'*horloge de la mort*.

5° FAMILLE DES CLAVICORNES.

Cette famille ne diffère de la précédente que par ses antennes, qui vont en s'évasant vers le bout sous forme de massue. Elle offre plusieurs genres intéressants : les *escarbots*, — les *boucliers*, — les *dermestes*, etc.

Les *escarbots* se nourrissent de matières animales corrompues ; on les trouve dans les fumiers, dans les arbres pourris. Ils sont d'une couleur noire brillante. La tête est enfoncée dans le corselet, les élytres tronquées, le corps est dur et court.

La tribu des *boucliers* est très-nombreuse, elle habite les branches des jeunes chênes, où elle se nourrit de chenilles ; mais l'espèce la plus remarquable est celle des *nécrophores fossoyeurs*, qui doivent leur nom à l'instinct qui leur fait enterrer les cadavres des taupes, des souris et autres petits quadrupèdes, pour y déposer leurs œufs et assurer par là une nourriture abondante aux larves qui en sortiront.

6ᵉ FAMILLE DES PALPICORNES.

Cette famille, que caractérisent des antennes très-courtes, perfoliées et insérées sur les côtés de la tête, comprend deux genres : l'un dont les pattes sont disposées pour la natation, l'autre où elles sont propres à la marche. De là les *hydrophiles* et les *sphéridies*.

Les *hydrophiles* sont ainsi nommés, parce qu'ils habitent les marais et les étangs.

L'*hydrophile brun* est un des plus gros coléoptères de l'Europe. Il est long de trois à quatre centimètres, d'un brun noir, brillant comme du vernis, avec des élytres striées et arrondies à l'extrémité postérieure.

Les *sphéridies* sont des palpicornes terrestres qui tirent leur nom de la forme arrondie de leur corps ; ils habitent les fientes et les fumiers. Nous citerons la *sphéridie à quatre taches*.

7° FAMILLE DES LAMELLICORNES.

Le *hanneton* est le type de cette belle famille qui a pour caractères distinctifs des antennes toujours courtes, insérées dans une fossette profonde, sous les bords latéraux de la tête ; ces antennes, composées de neuf ou dix articles, se terminent en une massue, formée par les trois derniers articles, qui s'élargissent en lames. Il n'y a pas d'animaux carnassiers dans cette famille.

On partage les lamellicornes en deux grands genres : les *scarabées* — et les *lucanes*. Les premiers ont les lames de leurs antennes feuilletées ou en éventail, ou emboîtées les unes dans les autres ; les seconds les ont disposées en dents de peigne.

Citons :

Le *bousier lunaire*, qui habite les immondices.

L'*onthophage à nuque épineuse*, qui fait sa résidence dans des bouses de vache.

L'*ateuchus sacré*, insecte qu'on trouve

en Europe, en Afrique, et surtout en Egypte, et auquel les habitants de ce dernier pays rendaient autrefois un culte superstitieux.

L'ateuchus pilulaire, qui habite les bouses et les fumiers.

Le *scarabée nasicorne* est une espèce très-commune en Europe, où elle vit, ainsi que sa larve, dans le terreau, les couches de jardin et le bois vermoulu. Cet insecte est long de trois centimètres, d'un brun marron luisant, avec des élytres lisses. Une corne conique tronquée en arrière arme sa tête. Vers le milieu de l'été, la femelle s'enfonce en creusant dans la terre, où elle dépose des œufs d'un jaune clair et de forme oblongue. Après six semaines, il éclôt de chaque œuf un petit ver d'un jaune sale, dont la tête, d'un rouge vif et luisant, est parsemée de petits points. Ce ver met cinq ans à achever sa croissance. Au bout de ce terme, il s'enfonce profondément dans la terre, et s'y construit une loge de forme ovale, où il passe à l'état de nymphe. Après sa dernière transformation, il ne vit que peu de jours à l'air et à la lumière; bientôt il rentre dans son obscurité pour y pondre ses œufs et mourir quand il a assuré la conservation de son espèce.

Le *scarabée hercule* est un coléoptère de grande taille ; son corps a plus de treize centimètres de longueur. Il habite l'Amérique méridionale.

Le *scarabée énéma* se trouve aux Indes orientales.

Le genre *lucane,* qui forme la seconde tribu des lamellicornes, a la massue des antennes disposée en dents de peigne ; ces antennes sont de dix articles, dont le premier est beaucoup plus long que les autres : les mandibules sont toujours cornées. Le plus remarquable de tous les lucanes est le *cerf-volant.* Cet insecte est commun dans les bois de chênes et dans les forêts sombres et peu fréquentées (*lucus*) d'où il tire son nom. Le mâle est long de cinq centimètres, noir, avec des élytres brunes. Ses mandibules sont très-grandes, arquées et dentées. Sa femelle, désignée sous le nom de *biche,* est beaucoup plus petite et a des mandibules très-courtes.

8° FAMILLE DES LIME-BOIS.

Cette famille est très-restreinte et n'offre aucune espèce remarquable; elle doit son nom à la manière dont les larves des insectes qui la composent perforent le bois dans lequel elles vivent.

2° SECTION. — Coléoptères hétéromères.

La seconde section des coléoptères est celle des *hétéromères* , caractérisée par l'existence de quatre articles aux deux tarses postérieurs, et de cinq aux tarses de la première et de la seconde paire. Tous les insectes de cette section, qui se nourrissent de substances végétales, se subdivisent en quatre familles : les *mélasomes,* — les *taxicornes* , — les *sténélytres* — et les *trachélides.*

1° FAMILLE DES MÉLASOMES.

Cette famille, ainsi nommée à cause de la couleur noire ou cendrée des insectes qu'elle renferme et de leur amour pour les ténèbres, se compose de trois genres : les *pimélies,* — les *blaps* — et les *ténébrions.*

Les *pimélies* sont toujours aptères , c'est-à-dire privées d'ailes membraneuses; leurs élytres se replient sous l'abdomen.

Les *blaps* sont aussi privés d'ailes ; leur corps est oblong , leur corselet presque carré; leurs élytres se prolongent en forme de queue.

Les *ténébrions* sont pourvus d'ailes; ils ont le corps étroit et allongé, et le corselet presque carré.

2° FAMILLE DES TAXICORNES.

Les *taxicornes* ont des antennes perfoliées qui ressemblent à des ifs taillés. Tous sont ailés; leur corps est ordinairement càrré, leur corselet cache ou reçoit la tête; ils vivent pour la plupart sous les écorces des arbres, dans les champignons et sous les pierres.

3° FAMILLE DES STÉNÉLYTRES.

Cette famille se distingue de la précédente par ses antennes, qui sont filiformes, et par le rétrécissement des élytres qui lui a valu son nom. Ses mœurs sont peu connues.

4° FAMILLE DES TRACHÉLYDES.

Nous citerons l'*hélops bronzé* — et l'*œdémère bleue*.
Les coléoptères qui forment ce groupe se distinguent de tous les autres par leur tête, qui est triangulaire ou en cœur, et portée sur un col. Leur corps est mou, leurs élytres sont flexibles. Ils vivent sur des végétaux, dont ils dévorent les feuilles et sucent la séve.

La *pyrochre écarlate*, nommée aussi la *cardinale*, est un bel insecte de douze millimètres de long sur six de large.

Le *méloé de mai* est d'un noir foncé, uni, avec les bords supérieurs des anneaux de l'abdomen rouges ou jaunes. Ses élytres sont courtes, les ailes membraneuses lui manquent.

La *cantharide vésicante*, nommée vulgairement *mouche d'Espagne*, est un méloé. Elle habite les climats chauds et se tient de préférence sur le frêne, le lilas et la plupart des jasminées.

3ᵉ SECTION. — Coléoptères tétramères.

La troisième section des coléoptères, celle des *tétramères*, est caractérisée par quatre articles à tous les tarses. Elle a été divisée en sept familles : les *rynchophores*, — les *xylophages*, — les *platysomes*, — les *longicornes*, — les *eupodes*, — les *clavipalpes* — et les *cycliques*.

1º FAMILLE DES RYNCHOPHORES.

La *bruche à large bec* est le genre type de cette famille, qui se distingue par une espèce de museau ou trompe formée par un prolongement de la partie antérieure de la tête : de là le nom de *rynchophores,* qui signifie *porte-bec.* Ce sont les *bruches* qui font les trous qu'on voit souvent aux graines des lentilles, des pois et autres légumes.

Les *charançons* diffèrent de l'espèce précédente par la forme de leurs antennes, qui sont coudées très-distinctement et insérées près du bout de la trompe.

Le *charançon colon* est une espèce très-commune en France et très-redoutée dans les campagnes, où elle fait de grands dégâts, surtout dans les champs de blé et d'autres céréales.

Les *calandres* ont des antennes de neuf articles, dont l'extrémité, terminée en massue, est spongieuse. La *calandre du blé* habite les greniers et dépose ses œufs dans les grains de blé. La larve qui en sort dévore toute la farine du grain et ne laisse que l'écorce.

2° FAMILLE DES XYLOPHAGES.

Les *xylophages,* ou *ronge-bois,* forment un petit groupe d'insectes qui n'ont pas de prolongement en forme de bec; ils vivent pour la plupart dans le bois, que leurs larves perforent dans tous les sens.

Les *mycétophages* et les *sylvains* appartiennent à cette famille.

3° FAMILLE DES LONGICORNES.

Les insectes qui composent cette famille ont la tête enfoncée dans le corselet, les yeux échancrés et des antennes ordinairement aussi longues et souvent plus longues que le corps.

Ils se divisent en plusieurs tribus, dont les plus remarquables sont celles des *capricornes* — et des *leptures.*

Le *capricorne aux croissants dorés* habite les régions tempérées de l'Europe.

La *lepture mordante* est un insecte très-méchant et très-agile, qui abonde dans le nord de la France. Il est gris, avec des élytres nébuleuses, traversées de deux bandes brunâtres peu apparentes. Son corselet est épineux, sa tête se prolonge en arrière.

4° FAMILLE DES EUPODES.

Chez les coléoptères de cette famille, le corps est oblong, l'abdomen très-développé, tous les articles des tarses sont garnis de pelotes, et les cuisses de la troisième paire très-renflées; de là le nom d'*eupodes*, qui signifie *belles pattes*. Ces insectes vivent sur les tiges et les feuilles de plusieurs arbustes et plantes terrestres ou aquatiques.

On les distingue en deux genres : les *sagres* — et les *criocères*.

5° FAMILLE DES PLATYSOMES.

Les insectes de cette famille, dont le

nom signifie *corps plat*, vivent sous l'écorce des arbres. L'espèce la plus connue est le *cucuje déprimé*, qu'on trouve en Europe ; il est de couleur rouge, avec les pattes et le dessous du corps noirs.

6º FAMILLE DES CYCLIQUES.

Les coléoptères qui forment cette famille, nombreuse en espèces, ont le corps presque toujours arrondi (de là le nom de *cycliques*). Ils sont de petite taille et leur corps, ras et sans poils, offre ordinairement les couleurs métalliques les plus vives. Leurs larves vivent de feuilles.

Cette famille se divise en cinq genres : les *hispes*, — les *cassides*, — les *gribouris*, — les *chrysomèles* et les *galéruques*.

7º FAMILLE DES CLAVIPALPES.

Les insectes de cette famille ont les articles des tarses garnis d'espèces de broses; leurs antennes sont terminées par une massue très-distincte et perfoliée. Leur corps est d'ordinaire arrondi et très-bombé en dessus. Nous ne nommerons dans cette famille que le genre *érotyle*.

4° Section. — Coléoptères trimères.

Dans la quatrième section des coléoptères, celle des *trimères*, dont tous les tarses ont trois articles, nous citerons seulement une famille, à cause du peu d'intérêt que présentent les autres : c'est la famille des *aphidiphages*, qui se compose uniquement du genre *coccinelle*.

Les *coccinelles* ont le corps presque hémisphérique et l'avant-dernier article des tarses divisé en deux lobes. Ces insectes, remarquables par l'éclat de leurs couleurs, la vivacité de leurs mouvements et leur apparition précoce qui en fait comme les messagers du printemps, sont connus de tout le monde sous le nom populaire de *bêtes du bon Dieu*. Ils se nourrissent de pucerons, comme l'indique leur nom (*aphidiphages*), et sont très-carnassiers, au point de se dévorer entre eux. Pour se transformer en nymphes, les larves s'attachent sur les feuilles avec une liqueur gluante, que sécrète une glande placée au bout de leur abdomen, et forment une espèce de nid dans lequel elles restent engagées par le bas du corps.

La *coccinelle à sept points* est la plus belle espèce de cette famille. Elle habite principalement les feuilles du tilleul.

Les deux autres familles de cette section sont : les *fongicoles*, où nous trouvons l'*endomyque écarlate*, — et les *psélaphiens*, dont fait partie le *psélapha sanguin* aux élytres d'un rouge de sang, qu'on rencontre dans les environs de Paris.

2ᵉ ORDRE DES TÉTRAPTÈRES.

HÉMIPTÈRES OU DEMI-AILÉS.

Les élytres de ces insectes, demi-coriaces, sont presque des ailes propres au vol comme celles qu'elles recouvrent. Leur bouche est terminée par une trompe recourbée sous le thorax. Ce sont des animaux à *métamorphose ébauchée* et à *demi-métamorphose.*

La *cigale*, le *chernie*, la *nèpe*, la *punaise*, le *fulgore* ou *porte-lanterne* et la *cochenille* sont des hémiptères, nom qui signifie demi-ailés. Les élytres cachent la moitié de leurs ailes.

3ᵉ ORDRE DES TÉTRAPTÈRES.

ORTHOPTÈRES.

Ce sont des insectes à demi-métamorphose. Leurs étuis sont mous et leurs ailes plissées longitudinalement. Leur bouche n'a point de trompe et elle est munie de fortes mâchoires.

La *blatte*, commensal assidu des cuisines et des boulangeries, — le *grillon*, à qui le frottement de ses ailes l'une contre l'autre a fait donner le nom de *cri-cri*, — la *sauterelle,* — le *criquet,* — la *mante religieuse,* que les paysans du Midi appellent *préga-Diou* (prie-Dieu), — le *grillon-taupe* ou *courtilière,* — et le *forficule* ou *perce-oreille,* sont les principales espèces de l'ordre des orthoptères, dont le nom signifie à *ailes droites.*

4ᵉ ORDRE DES TÉTRAPTÈRES.

HYMENOPTÈRES.

Les insectes de cet ordre ont quatre ailes transparentes d'inégale grandeur ; les deux ailes inférieures sont constamment plus courtes et plus petites : les unes et les autres sont sensiblement *nervées* longitudinalement, mais les nervures transversales sont bien moins marquées. Quelques-uns de ces insectes ont une trompe, d'autres un aiguillon fort et pointu, caché sous le ventre. Les *fourmis,* — les *guêpes,* — et les *abeilles* appartiennent à cet ordre.

On trouve , dans les hyménoptères , quelques espèces qui n'ont pas d'ailes. Ces insectes sont à demi-métamorphose.

5ᵉ ORDRE DES TÉTRAPTÈRES.

NÉVROPTÈRES.

Les quatre ailes de ces insectes sont nues, transparentes, égales, et les nervures du réseau qui les soutiennent sont croisées. C'est à ces nervures que cet ordre doit son nom.

Leur bouche est armée de fortes mâchoires.

Les *libellules*, vulgairement appelées *demoiselles;* — le *fourmi - lion*, ainsi nommé par la chasse terrible que sa larve fait aux fourmis; — l'*éphémère*, dont la vie ne dure qu'un jour; — le *panorpe* ou *mouche-scorpion* — et le *termite*, un des insectes les plus destructeurs qu'on connaisse, et dont les mœurs en famille

ressemblent beaucoup à celles des abeilles, sont de la famille des névroptères.

6ᵉ ORDRE DES TÉTRAPTÈRES.

LÉPIDOPTÈRES OU PAPILLONS.

Les insectes de cet ordre ont quatre ailes couvertes de petites écailles colorées,
ce qui leur a valu le nom de *lépidoptères*.
Ces écailles sont si fines qu'elles s'attachent
au doigt comme une poussière farineuse.
Ce sont elles qui forment ces belles couleurs dont les ailes des papillons sont
émaillées ; car si on les enlève, l'aile n'est
plus qu'une membrane incolore comme
les ailes d'une mouche.

La métamorphose est complète chez les
papillons, ainsi que nous l'avons dit ; le
nombre de ces beaux insectes s'élève à plus
de trois mille, et une collection complète
d'un individu de chaque espèce formerait
le plus riche et le plus brillant coup d'œil
qu'il soit possible d'imaginer.

Nous allons nommer quelques-unes des principales espèces : le *paon de jour*, qui porte comme des yeux sur ses ailes ; — la *tortue*, dont les couleurs imitent celles de l'écaille ; — le *nacré*, qui a en effet des taches argentées, semblables à de la nacre ; — le *damier*, marqué comme un échiquier ; — l'*argus brun* et l'*argus bleu*, dont les ailes sont parsemées d'yeux ; — le *flambé*, couleur de feu, — et le *machaon*, qui sont des papillons *porte-queue* ; — les *sphinx*, parmi lesquels on remarque le sinistre *atropos* ; — les *phalènes* ou papillons de nuit, parmi lesquels nous citerons le *grand paon*, et surtout le *ver à soie*, dont le cocon est si précieux.

Insectes diptères.

Ces insectes n'ont que deux ailes au lieu de quatre, mais ces ailes sont accompagnées de petits filets appelés *balanciers*, terminés par un globule, et quelquefois couverts par une sorte d'aileron.

Le *taon*, — les *mouches*, — le *cousin* et tous les insectes qui se rapportent à la forme bien connue de ceux-ci, doivent être rangés dans ce groupe qui se subdivise en deux ordres : — les *rhipiptères* — et les *diptères*.

Insectes aptères.

Ces insectes sont ainsi nommés parce qu'ils n'ont point d'ailes ; c'est parmi eux que doivent être rangés certains insectes parasites qui vivent sur les animaux. Ce groupe se divise en quatre ordres : — les *thysanoures*, — les *cystaptères*, — les *parasites*, — et les *suceurs*.

Les *myriapodes* forment le passage entre ces ordres et la classe des arachnides dont nous allons nous occuper.

Citons, parmi les myriapodes, les *scolopendres* et les *iules*.

4ᵉ CLASSE DES ANIMAUX ARTICULÉS.

ARACHNIDES OU ARAIGNÉES.

Quatre paires de pattes *articulées*, point d'ailes ni d'antennes, un corps sombre recouvert d'une peau molle et velue, tels sont les caractères généraux de ces insectes d'un aspect peu agréable.

La respiration des arachnides est *trachéenne* ou *pulmonaire*; leur sang est blanc ou plutôt incolore. Ils possèdent de deux à huit yeux, dont la forme et la position varient beaucoup.

Animaux carnassiers, ils se nourrissent principalement d'insectes. Leur bouche est armée de deux mandibules à crochets mobiles, dont l'extrémité présente une petite ouverture, qui est l'orifice d'un canal communiquant avec une glande venimeuse.

Les araignées sont *fileuses* pour la plupart, c'est-à-dire qu'elles ont la faculté de tisser des espèces de fils de soie, en forme de filets tendus à leur proie et au centre desquels elles se retirent.

Les flocons blancs et soyeux qui volent dans les airs en automne, et qui sont connus sous le nom de *fils de la Vierge*, sont produits par une espèce d'araignée, qui vit sur les arbres de haute futaie. Les principales *araignées* sont : la *fileuse*, — la *mygale*, — la *tarentule* — et le *scorpion*. Ce dernier possède au bout de l'abdomen un crochet aigu, communiquant avec une glande venimeuse, dont la piqûre, mortelle pour certains animaux, peut occasionner chez l'homme même de graves accidents.

Animaux parasites, certains arachnides vivent sur le corps d'autres animaux; alors leur bouche est en forme de trompe ou de suçoir. Par exemple : la *mite* des mouches, — la *mite* du fromage, — le *lepte automnal* connu sous le nom de *rouget*, — le *sarcopte* de la gale.

3ᵉ GROUPE DES INVERTÉBRÉS.

ANIMAUX RAYONNÉS

OU ZOOPHYTES.

Les *zoophytes* sont des animaux d'une organisation très-variée, et dont le corps a généralement une forme globuleuse ou étoilée.

Plusieurs de ces êtres ressemblent au premier abord à une fleur, ce qui leur a valu le nom de *zoophytes* ou *animaux-plantes*.

On les divise en cinq ordres : les *échinodermes,* — les *vers intestinaux,* — les *acaléphes,* — les *polypes* — et les *infusoires.*

1° — LES ÉCHINODERMES sont des animaux dont la peau, généralement dure, est armée de pointes ou d'épines articulées. Un grand nombre de petits trous rangés symétriquement percent cette enveloppe, et de ces trous sortent de petits tentacules ou suçoirs mous et rétractiles, qui sont des organes de préhension et de mouvement en même temps qu'ils servent à la nutrition.

L'*oursin* et l'*astérie* sont les principaux genres de cet ordre.

2° — Les vers intestinaux vivent dans le canal digestif et dans les viscères de l'homme et des autres animaux. Nous citerons comme exemples :

Le *ténia* ou ver solitaire, dont le corps est aplati horizontalement de manière à figurer un ruban ; — l'*ascaride*, qui ressemble à un ver de terre, — et les *hydatides*, qu'on rencontre dans l'épaisseur des organes de divers animaux.

3° — Les acalèphes, ainsi que certaines plantes de la famille des algues, forment la transition du règne animal au règne végétal, et, de même que les êtres qui composent l'ordre suivant, semblent être les premiers qu'on rencontre en passant d'un règne à l'autre.

La conformation de la *méduse* ressemble, en effet, beaucoup à celle des algues. Son corps est mou, flottant dans les eaux, et les tentacules qui pendent au-dessous de son *parasol* ne ressemblent pas mal à des racines.

4° — LES POLYPES sont continuellement fixés au fond de la mer. Leur corps est mou, gélatineux et de forme conique. Leur bouche est entourée de tentacules nombreux. Ces êtres bizarres ont une simplicité d'organisation telle qu'on peut les retourner sur eux-mêmes, comme le doigt d'un gant, sans que l'animal périsse ; leur corps, coupé en morceaux, forme autant d'animaux distincts et complets.

Ils se reproduisent par bourgeons et se réunissent en grand nombre sur un support ramifié qu'ils sécrètent eux-mêmes, et qui est nommé *polypier*. Tels sont les *coraux*, les *éponges*.

Les coraux proviennent d'animalcules dont les travaux microscopiques, accumulés de siècle en siècle, arrivent à former quelquefois des îles habitables.

5° — LES INFUSOIRES sont des animaux qu'on ne peut le plus souvent apercevoir qu'à l'aide du microscope. Ils séjournent dans les eaux dormantes et corrompues. Ils jouissent de la singulière faculté d'être impunément desséchés et de revenir à la vie quand on les mouille de nouveau.

Les prétendus serpents et les vers qu'on aperçoit dans la colle de farine, dans le vinaigre, à l'aide d'un microscope et même sans microscope, sont des *infusoires*.

Tel est l'ensemble des animaux qui s'agitent à la surface du globe, à travers les régions de l'air, dans les eaux des fleuves ou dans les profondeurs de l'Océan.

Notre livre à la main, si l'on s'est bien pénétré des principes que nous avons posés, on peut aborder maintenant un traité plus complet de zoologie et se livrer avec fruit à l'étude si intéressante des espèces qui composent le règne animal.

APPENDICE.

—

DE L'INSTINCT ET DE L'INTELLIGENCE

DES ANIMAUX.

Nous complétons ce travail par quelques observations relatives à la question si intéressante et si controversée, de l'intelligence et de l'instinct des animaux, comparés à la raison de l'homme. Nous les extrayons presque textuellement d'un remarquable article fourni par M. Flourens au *Dictionnaire d'Histoire naturelle*. C'est, en effet, à un maître de la science qu'il faut laisser la parole, pour traiter des sujets de cet ordre.

« Il y a, dit l'illustre secrétaire perpétuel de l'Académie des sciences, dans ce qu'on appelle communément du nom vague d'intelligence, trois faits distincts : l'*instinct*, l'*intelligence des bêtes* et la *raison de l'homme.*

« I. DE L'INSTINCT. — L'instinct a trois caractères qui lui sont propres :

« 1° Il agit sans instruction, sans expérience.

« L'araignée n'apprend point à faire sa toile, ni le ver à soie son cocon, ni l'oiseau son nid, ni le castor sa cabane. L'homme lui-même fait plusieurs choses par un pur instinct. L'enfant, en venant au monde, tette sans l'avoir appris, sans avoir pu l'apprendre : il tette par instinct.

« 2° Il ne fait jamais de progrès :

« L'araignée ne fait pas mieux sa toile le dernier jour de sa vie que le premier. Elle fait bien du premier coup ; elle ne fait jamais mieux ; elle ne fait jamais mal.

« 3° Il est toujours particulier.

« Le castor a la merveilleuse industrie de se bâtir une cabane ; mais cette merveilleuse industrie ne lui sert qu'à bâtir sa cabane.

« Il n'y a point d'*instinct général*, il y a

des instincts. L'instinct est toujours un fait spécial ; et, par cela seul, il n'est point l'intelligence, laquelle est toujours un fait général, comme nous le verrons bientôt.

« L'instinct ne s'explique ni par l'intelligence ni par le mécanisme : il est donc une force propre. »

« II. DE L'INTELLIGENCE DES BÊTES. — L'intelligence a ses caractères, qui sont opposés à ceux de l'instinct :

« 1° L'intelligence n'agit que par instruction et par expérience.

« J'instruis mon chien à faire ce que je veux ; et ce que je veux est souvent le contraire de ce que son instinct lui suggère. Son instinct lui suggère de se jeter sur sa proie pour la dévorer ; et je l'instruis à me l'apporter sans y toucher.

« 2° L'intelligence fait des progrès.

« Nous voyons tous les jours, dans nos cirques, des chiens, des chevaux, des ours, etc., qui font des choses qu'assurément ils n'eussent point faites, abandonnés à eux seuls. On leur apprend à faire ces choses : on les y instruit, on les y prépare. Ils ne les font pas du premier coup. Ils commencent par faire mal, puis ils font mieux, puis bien. Qui n'a remarqué les progrès du chien qu'on dresse à la chasse, du cheval qu'on dresse au manége? — Et ce qui montre bien encore jusqu'à quel point cette éducation des animaux est *relative à la nôtre*, c'est que nous y procédons de même : nous les excitons, nous les corrigeons ; nous les flattons quand ils font bien, nous les châtions quand ils font mal.

« 3° L'intelligence est toujours générale.

« Il y a plusieurs instincts, il n'y a qu'une intelligence : c'est par la même intelligence, générale et une, que le chien apprend à m'apporter le gibier au lieu de le dévorer, à venir quand je l'appelle, à fuir quand je le menace, etc. L'instinct est donc, en tout, l'opposé de l'intelligence. Comment l'une de ces choses serait-elle l'autre ? L'instinct et l'intelligence sont donc deux forces distinctes.

« III. DE L'INTELLIGENCE CHEZ L'HOMME. — Les animaux ont une certaine intelligence. Ils ont, comme nous, des sens, des sensations, des perceptions, de la mémoire ; ils comparent leurs souvenirs, leurs perceptions ; ils jugent, ils veulent.

« Mais, ce qui fait ici toute la question,

l'animal ne sort jamais du physique. J'agis sur lui, mais par des coups, par des cris, par le son de ma voix, par des gestes, par des caresses, etc. Il ne s'élève jamais jusqu'au métaphysique. Il a des sensations et n'a pas des idées ; il a l'intelligence et n'a pas la réflexion.

« L'homme seul est capable de réfléchir, disait Aristote ; et tous les bons esprits l'ont dit après lui.

« Je définis la réflexion : l'étude de l'esprit par l'esprit, la connaissance de la pensée par la pensée. L'étude de la pensée par la pensée est le monde métaphysique. Et ce monde est propre à l'homme..... Il y a donc trois grands faits essentiellement distincts : l'instinct qui ne connaît pas ; — l'intelligence des bêtes, qui connaît ; — et l'intelligence de l'homme, qui connaît et se connaît.

« IV. REMARQUES DIVERSES. — Si l'instinct et l'intelligence n'étaient qu'une seule et même chose, on ne les verrait pas se disjoindre et se séparer l'un de l'autre dans les espèces. Quand l'un croît, l'autre croîtrait : quand l'un décroît, l'autre décroîtrait aussi.

« Or, c'est précisément l'inverse qui a lieu. Les animaux qui ont le plus d'intelligence sont ceux qui ont le moins d'instincts ; et ceux qui ont le plus d'instincts, les instincts les plus compliqués, sont ceux qui ont le moins d'intelligence. Le chien, le cheval, l'orang-outang, qui ont beaucoup d'intelligence, ont peu d'instincts, et les insectes (les araignées, les abeilles, les fourmis, par exemple), qui ont à peine de l'intelligence, nous étonnent par leurs instincts. L'intelligence réside dans le cerveau proprement dit, dans les *lobes* ou *hémisphères cérébraux*. Les instincts ont le même siége. Lorsqu'on enlève le cerveau proprement dit à un animal, il perd sur-le-champ toute son intelligence ; mais il perd aussi tout son instinct. Il y a donc une connexion, une liaison secrète qui unit l'instinct à l'intelligence. Nous distinguons ces deux forces par leurs effets, sans pouvoir les distinguer, du moins encore, par leur siége.

« L'intelligence ne dépend que du cerveau.

« Le cerveau croît comme l'intelligence.

« Dans les poissons, où l'intelligence est si obscure, on ne sait pas encore quelle est la partie de l'encéphale qu'il faut nommer cerveau ; les reptiles ont un peu plus d'intelligence, et leur cerveau est déjà distinct ; les oiseaux ont beaucoup plus d'intelligence que les reptiles, et leur cerveau est aussi beaucoup plus développé ; il l'est beaucoup plus encore dans les mammifères ; et, dans les mammifères eux-mêmes, il l'est de plus en plus, à mesure que l'on remonte de ceux qui ont le moins d'intelligence à ceux qui en ont le plus, c'est-à-dire des rongeurs aux ruminants, des ruminants aux pachydermes, des pachydermes aux carnassiers, et des carnassiers aux singes, nommément à l'orang-outang et au chimpanzée.

« Enfin vient l'homme : il a, sans comparaison, beaucoup plus d'intelligence qu'aucun animal, et il a aussi un cerveau incomparablement plus grand qu'aucun autre.

« L'animal ne fait jamais de progrès comme espèce. Les *individus* font des progrès ; mais l'*espèce* n'en fait point. L'homme seul fait des progrès comme espèce, parce que seul il a la *réflexion*, cette faculté suprême que j'ai définie l'action de l'esprit sur l'esprit.

« Or c'est la réflexion qui produit la *méthode*, et par la méthode, l'homme *découvre*, il *invente*. Par la méthode. l'esprit de tous les hommes devient un seul esprit, qui se continue de génération en génération, et ne finit point. »

FIN DE L'APPENDICE.

TABLE DES MATIÈRES.

—

RÈGNE ANIMAL.

FIN DE LA TABLE.

Paris. — Typographie HENNUYER, rue du Boulevard, 7.

www.ingramcontent.com/pod-product-compliance
Lightning Source LLC
LaVergne TN
LVHW021026050726
842519LV00003B/749